用林木，創造你的生活風格。

珍惜台灣林木資源，
將廢棄木材創造無限價值，
從環境到肌膚，
自然，其實沒有離你這麼遠。

木酢達人

【推薦序－清華大學 黎正中教授】

結緣陳偉誠是在二〇一四年我的通識課。因為科管所的關係特別有感。第一印象是陽光正向、高大壯碩。我退休後，他會不時來請教一些經營管理的問題，我也是憑直覺提問於他，以問代答，想不到頗有成效。

本來嘛！公司是他在經營，可能是當局者迷吧！我則是事不關己旁觀者清，點撥一下提醒一下。他是聰明苦幹出身，理解力、執行力極強，當然能逢難呈祥、積極進取，創造豐碩成果。

他是湖口鄉土生土長，老家從事炭窯生產，在受到工研院技術指導後延伸至木酢達人的發展，又遇到貴人廖玲珍女士點出木酢液與預防醫學的結合，研發出多項居家日常清潔的木酢產品。

他自己奮鬥多年已是身經百戰，也造就了一個堅實團隊。但他仍想創造森林循環的產業生態系，與新竹縣政府、湖口鄉公所，以及在地學校：清華大學、明新科大、中國科大及數十個國中小學合作，一邊透過演講分享森林循環修枝再利用，一邊讓更多企業和年輕人能加入木酢達人的行列發展生態永續與追求循環經濟。

他是一個社會企業家，一心一意為鄉里實事求是。與其造就一個億萬富翁，不如成就一百個百萬小康家庭。他追求林木修枝的全株利用與生產零排放、低汙染，所生產的生物炭與木酢液產品都秉持人體安全與友善環境。放眼技術門檻與理念都易於實踐，加上專家前輩願意帶領傳承，讓木酢達人的循環經濟能順利發展與追隨，這才是我認同的湖口價值。

清華科管所退休教授　黎正中

【推薦序—倍立德實驗室主持人 廖玲珍老師】

生活因為有感動，就有熱力。做對的事，再把事情做對，這是確效。

從木酢液，走進一片森林。

廢木重生、良善循環，偉誠深入專研、實際執行，練成十年精功。豐富的專業知識，熱誠的分享，我們都感受到這個衝勁十足的溫度，支持策馬入林的決心。

這本書邀請寫序文，真正感謝的是偉誠木酢達人夥伴，讓林木重生實驗，成功的走入生活。

以實用為主，發揮材質的原生特性，產品在市場是一種生活風格，一種哲學思想，對自然的感悟與尊重。

謝謝木酢達人，生命事業的好夥伴。

倍立德實驗室主持人　廖玲珍

目錄

肌膚清潔與保養

木酢液照顧毛小孩

結語

故事的開始──懷抱著林木循環 炭廠出生的小孩

這個故事要從一九八三年一間座落於新竹湖口的傳統木炭工廠說起。

傳統的木炭工廠裡面到處都是木屑和粉塵，加上烘烤高熱，令人呼吸都感到辛苦。製炭師傅們正忙碌的把回收來的果樹枝與雜木分類整理。後續還需要將木材自然乾燥、裁切成合適搬運的重量與長度，最終再以人力或蹲或彎的搬運方式，將五噸重的樹材搬進炭窯悶燒二十日以上。

筆者的父母親就是靠著辛苦的製炭工作，才順利將我們四個孩子拉拔長大。「往往都把一雙腿蹲痲了，才緩緩站起身喘口氣喝口水」。在這種高熱的環境與重度勞力下，隨著瓦斯應用的普及，全台灣的木炭廠也一間間結束營業，而選擇在「湖口」開設木炭工廠的這家人，也彷彿注定只能在「餬口」的宿命裡等待翻身。

二〇〇四年，製炭人碰上了一個轉型的機會。當時工研院已陸續輔導了許多台灣木竹業者技術升級，包括邀請日本炭達人鳥羽 曙先生到台灣協助建窯等推動木竹產業加值計畫，造就了台灣竹炭應用如雨後春筍般蓬勃誕生。看著美麗竹炭所衍生出的各種應用，讓筆者家當時合作的老炭廠也決定接受輔導，投入轉型。

老炭廠接受工研院技轉後，製炭的技術設備與知識都獲得了提升，以往，木炭在製造時產生的高溫水煙會嚴重影響健康與環境，但工研院導入了回收系統，將原本的高溫水煙瞬間轉化為一滴滴珍貴的木酢液。同時，工研院也為老炭廠帶來相當多日本的研究資料，成為了後來筆者創立木酢達人品牌時重要的基礎知識。

筆者因為經歷過傳統老炭廠的順利轉型，對整個循環流程逐漸清晰，於是思索著家中的老炭廠與國際間提倡的「循環經濟、淨零碳排」有什麼樣交集。其實，台灣林木修枝、廢棄與回收再利用問題比想像中更加困難，該如何以循環的概念從廢棄修枝帶動傳統炭產業轉型？這的確是相當不容易的工作。根據統計，二〇一九年台灣一年就產生了超過四百萬噸的廢棄林木，且大多都進入焚化爐或自然風化等低利用方式處理，在林間的則自然變成環境髒亂點。筆者心想，若能有效利用這些廢棄林木修枝，製成木作製品、各式生物炭與木酢液，並結合環保的天然異材質製成各式產品，推薦到市場，既讓人們可以安心使用到這些天然製品，於最終排回到這片土地上也能不汙染環境。這樣不只解決了林木廢棄物問題，又能帶動炭產業進入循環經濟的新模式，更能創造就業機會發展經濟且不造成環境汙染，這樣不是很好嗎？

所以二〇〇八年，筆者為了實現老炭廠的循環經濟，決心著手推動這項計畫。我找了三位大學好友共同創立「木酢達人」，在新竹湖口開始推動「生物炭與木酢液」。創業初期，團隊借了社區教堂的閣樓作為辦公室，白天兼職在湖口老街做導覽與社區服務，下班後就透過網路分享關於生物炭的各種知識。一直到二〇一〇年，一則木酢達人的網路訊息讓時任倍立德實驗室主持人的廖玲珍女士啟發合作契機，這才讓「木酢達人」有了一個真正的轉機。

當時，廖老師為了實驗木酢液抑菌的效果，在查詢資料時看見「木酢達人」的創業故事，深深感受到團隊年輕人的創業熱情，也對木酢液的應用感到有興趣，進而決定投入研究木酢液，並為木酢達人成立專屬實驗項目，為木酢液開始了關鍵配方的研究。

然而此時，木酢液的應用與銷售其實仍在起步階段，仍無法影響製炭業者回收木酢液

倍立德實驗室的廖老師

的意願。其中應用上的關鍵點是「木酢液的氣味」。記得第一次聞到木酢液時讓我有些驚訝，原來這就是日本文獻中提到「即使稀釋一萬倍，還是沒有辦法掩蓋的味道」。這也是影響消費者會因為木酢液的味道而不願意支持與使用的初期原因。

廖老師針對木酢液提出了一個想法：「一棵樹能夠在自然界存活這麼久，它本身的抗菌力一定很好。我們只要妥善應用木酢液的抗菌力，應該可達到生活中『預防醫學』的概念，即是推廣日常清潔的重要性，以預防家中或校園裡大規模群聚感染的發生。善用木酢液就可以輕鬆達到表面清潔，更重要的是，能抑制看不見的微生物。」

團隊與廖老師共同討論下以木酢液天然且優異的抗菌力做為核心，搭配天然精油等素材調整氣味，並著手以日常生活中的各種情境設計一系列清潔用

木酢達人連三年榮獲　「數位時代人氣賣家」

品，並確定了這個來自樹木萃取的木酢液清潔用品核心價值為：「同時清潔汙垢與看不見的微生物，以不傷害人身與環境的素材作為配方，方便所有人都能進行清潔。」就此，我們為木酢液量身打造了這樣良善的出發，並開啟了至今十五年的研究歷程。

二〇二一年，木酢達人已創造了四大類別清潔用品，從木酢太陽洗衣精、毛孩子消臭噴霧，到藝術炭盆栽與炭焙漱口水等近百款上市產品。並榮獲了網路人氣冠軍、國家品質認證與經濟部金網獎等殊榮，也成為了台灣生物炭循環經濟下的經典個案。

木酢達人的感性與知性

筆者就讀大學時，一直借宿在高雄木炭工廠旁宿舍裡，每天都能看見製炭廠裡的幾位老師傅們，頂著高溫環境，戴著布口罩、斗笠，穿套著防燙傷的袖套與棉紗手套，滿頭大汗忙進忙出的辛苦工作。因為工作環境實在太悶熱，一個大水瓶總不離身。不過由於水分流失太快，腎結石的職業傷害，依舊經常發生在老師傅們身上。

這些似曾相似的情景我並不陌生，因為筆者從小就看著父母親在這樣的環境下拚命工作。往往一整天工作下來，炎熱的氣溫加上製炭環境裡的濃煙不斷燻烤，一張臉顯得特別黑又紅。滿身汗水的衣服與臉龐上，也緊黏著飛揚在空氣中的木屑，難以撥開。

這是製炭人的日常。雖深知炭產業面臨夕陽且後繼無人，但他們卻依舊堆著皺紋笑臉鼓勵我，促使我更堅定實現炭產業的轉型。生物炭的循環經濟必須要成功呀！

有趣的是，隨著筆者投入炭與木酢液的研究工作十年之後，每當一聞到木酢液的氣味，仍舊會讓筆者想起年幼時媽媽駝著身，用幾綑乾柴燒著一大鍋水，喚著家人趕緊趁日落前去洗澡。那鐵鍋裡暖暖的熱水，就是帶著柴燒香氣的木酢液。

這一份屬於我記憶中的氣味，相信如果是同年代的朋友聞到木酢液，一定會喚起各位那段美好歲月的回憶。

順帶一提，這幾年木酢液在消費市場，也獲得廣大消費者良善的使用經驗回饋，包括用於有機農場有效趨避害蟲、毛孩子噴擦後肌膚問題獲得改善、衣服清洗曬乾後有日曬的香氣，以及敏感肌膚獲得改善等充滿驚喜的見證。我們研究也發現，木酢液噴灑在空間中，具有良好的抑菌效果。難怪長期在炭廠的老師傅們都很長壽健康，一定是受到木酢液的保護吧（笑）。更多有趣的知識，筆者也將在這本書中跟您細細分享。

CHAPTER

1

台灣林木的循環利用
木酢液

將行道樹、校樹分類回收再利用

做成木作、木炭及木酢液

讓林木剩餘變得豐盛，創造更高價值

我們必須珍惜這份資源

妥善運用大自然的保護力來幫助世界

什麼是木酢液？

樹木在自然環境中可以生長數十年、百年甚至達到上千年，不禁令人想問，究竟一棵大樹是如何能夠抵禦各種侵擾，自在生存下去呢？希望在閱讀完這一章後，各位可以找到一些答案。

過去製炭時會產生高溫水煙飄散在空氣中，若是不做任何處理，會造成空氣汙染。但是，在推動炭循環的過程中，更新了設備後，冷卻設備就能回收大部分的水煙。如此，不只解決了林廢問題、空汙問題，還可以在製炭過程中，凝萃高溫水氣得到珍貴的副產物——木酢液。

究竟什麼是木酢液呢？木酢液的成分約有兩百多種有機物質，其中醋酸含量最多，故也稱木醋液。木酢液聞起來帶有獨特煙燻烏梅的氣味，剛冷卻回收時是呈現混濁不透明的深褐色液體，顏色依照樹種不同，從啤酒般的淡黃褐色，到紅酒般的淡紅褐色皆有，須經過半年以上不透光的靜置沉澱後，再經由過濾、蒸餾方式才能變成蒸餾木酢液的金黃透明無雜質的狀態。但不論是粗液或是蒸餾過的木酢液，都有適切應用的場域。

許多文獻中皆有記載，粗製木酢液的天然有機成分有助農業，稀釋後的低濃度可以促進植物生長並防止蚊蟲接近。相反的，在高濃度下的粗製木酢液能抑制黴菌與微生物生長。此外，粗製木酢液對於大型畜牧、雞舍的排泄物，也有強大的中和消臭效果。木酢液對生物安全性高，對環境無害，經過日曬雨淋就可以自然分解，故受到農民喜愛，已大量應用於解決台灣農場的各式問題。

若將粗製木酢液經過過濾與蒸餾，蒸餾木酢液會變得更加溫和，且保留天然抗菌特質，非常適合添加在人體清潔、保養用品裡取代防腐劑，或作為天然消臭噴霧的配方，這些都是非常聰明的應用。

木酢液來自天然樹木裡的水分，是大樹自身的保護力，可透過循環回收的機制，精確分段使用。無論是粗段或是蒸餾木酢液，用途都非常廣泛。這份大自然的禮物實在值得好好推廣善用、珍惜。

人類生活演進，數萬年前就懂得使用炭，包括煮食供暖、防腐防潮、醫療、書寫繪畫等，至今，巴黎氣候協定也都在鼓勵固炭助地球，以減緩暖化運動。但是我們更該關注推廣與應用製炭時所回收的木酢液，才不會顧此失彼，得到了炭卻汙染了空氣。

近年來，許多文明病已深深影響了人們的健康，我們應該學習靠近自然，與大樹為伍；學習減少不必要的浪費、規律的生活作息、乾淨簡單的用餐習慣，以及多使用自然原生的素材。學習善用自然，才能將自然力融進日常生活，找回自己與家人的健康。

無法仿製的天然木酢液

將窯口冒出的高溫水煙，透過冷卻設備收集得到的液體

木酢液是把樹木以乾餾方式悶燒製成木炭的過程中，將窯口冒出的高溫水煙，透過冷卻設備收集得到的液體。窯內溫度約三百度至五百度之間，依據不同季節與木材，收集到的木酢液內含水分約占80～90％。而其他10～20％是兩百種以上的有機化合物成分，主要成分是醋酸，所以稱為木醋液。另還含有醇類與酚類、酮類、醛類和酯類，以及許多微量元素在內。

經過分析，確定木酢液特有抗菌、殺菌的活性成分，主要為醋酸和酚類、醇類三種物質在作用，但實際上，幾乎所有成分都具有抑制細菌與微生物效果。曾有研究欲以合成方式仿製木酢液，卻發現效果有落差，包括氣味與刺激性。為何無法透過仿製得到木酢液?探究原因，應該是天然的木酢液含兩百多種成分，不論含量高低，皆有相輔效果，缺少任何微量成分都不行。

木酢液的成份分析

水 90.244%、
醋酸 4.755%、
酚類 0.524%、
酸類 0.475%、
有機質 3%。

木酢液萃取過程

日本與台灣早期燒製木炭時並沒有特別去收集高溫水煙，是偶然間發現炭窯的水煙飄進了溪流裡，中下游的花草引水灌溉後，出現不同生長情況。有些花期更長或更茂盛，而有些卻沒有明顯變化。進一步檢測溪流水質後才發現，上下游的溪水pH值有些不一樣，原來是水煙混入溪水後的結果。這也是人們發現到木酢液的由來。

樹木在窯中悶燒變成木炭的過程中，樹木中的有機物會隨水分被乾餾蒸發出來。透過加長的煙囪收集這些熱蒸氣，接著在水煙降溫變成液體後，涓涓流入回收桶內，這些就是我們所稱的「粗木酢液」。粗木酢液靜置半年後，因比重不同，會逐漸分成三層。最底層是深色的「木焦油」，最上層的顏色最淺，為黃褐色，主要是輕焦油及水分。夾在上下的中間層為紅褐色的液體，就是「粗木酢液」。

粗木酢液是目前有機資材推薦可使用於農業的一種天然忌避劑，在高濃度下可用於除草、除蟲卵、驅逐紅蜘蛛。粗木酢液含有木焦油，醛與酚的比例也很高，所以目前會以濾網布過濾後再使用，以減少木焦油附著在葉面的狀況。

木酢液生產過程

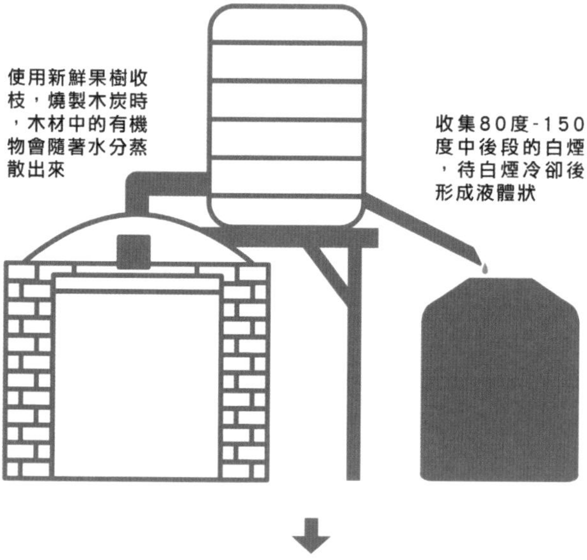
使用新鮮果樹收
枝，燒製木炭時
，木材中的有機
物會隨著水分蒸
散出來
收集80度-150
度中後段的白煙
，待白煙冷卻後
形成液體狀

靜置三個月後，液體因成分比重不同而自然分成三層

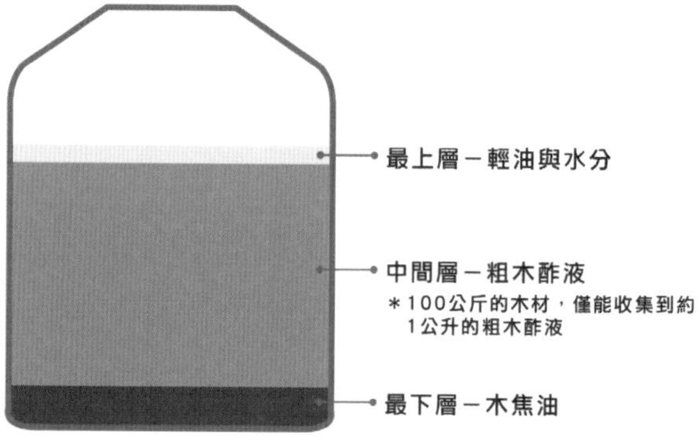
最上層－輕油與水分
中間層－粗木酢液
＊100公斤的木材，僅能收集到約
1公升的粗木酢液
最下層－木焦油

此外，粗木酢液對人體及家中毛孩子的刺激性也比較高，所以並不適合直接噴灑於肌膚上。必須將粗木酢液以先過濾再蒸餾的方式，去除木焦油、醇類、醛類後，才能成為適用於肌膚、環境噴灑與毛孩子清潔除臭的「精餾木酢液」。

選擇市面上的木酢液產品時，必須選擇合格的製造廠商並了解其木材來源，還要透過簡易的外觀來分辨是粗製或精餾等級。例如深褐色、沉澱物有很高可能性是「粗木酢液」；而呈現金黃透明、無雜質漂浮與無沉澱物質，就可能是精餾級木酢液。其實，無論粗製或精餾木酢液，只要用對適合的場域與對象，就沒有太大的問題！

圖中的桶子為最初回收的粗木酢液

減緩地球暖化的生物炭

二〇一五年，巴黎舉行了聯合國氣候變化綱要公約的第二十一屆締約國大會，大會上提出了土壤「千分之四」的倡議，其中將生物炭視為最直接有效的方法。倡議內容提到，若每年可增加千分之四的碳蓄積量於土壤表層中，就能平衡每年因人類活動增加至大氣中的二氧化碳量。二〇一九年於馬德里所舉辦的第二十五屆大會上，仍提到生物炭是達成千分之四倡議目標的主要方法。可見，對於形塑循環農業與減緩地球暖化，生物炭都扮演著舉足輕重的角色。

「氣候變遷」已經是全球影響力最大、發生機率最高的風險，全球各地紛紛提出能源轉型與減少碳排放的計畫。近年來，生物炭已經被認為具有改善土壤、促進作物生長及固碳之效果，是減緩氣候變遷最有效的手段之一。行政院於二〇一六年推出「五加二」產業創新中，包括循環經濟與新農業等項目，生物炭就是一項重要的循環技術。

將農業林業廢棄物製作成生物炭與收集木酢液，其實就是實踐循環經濟的一種開端，既可將農業生產剩餘資材製成生物炭並回歸到農地中，有效改良土壤品質，又可以減少肥料使用、取代部分化肥，還能增加土壤碳含量、改善土壤健康，擴大應用下甚至能幫助減緩地球暖化速度。

稻殼炭用於植栽

稻殼炭

關於生物炭與木酢液的產業應用，目前有許多農業、園藝相關從業人員，以及生物科技業者都已經投入相當多的心力研製產品。未來在產業上，一定能看見很多天然素材與生物炭、木酢液整合的跨界應用，形成「生物炭產業鏈」。

已開發國家中，包括美國、歐洲都是目前生物炭設備、產品領先的開發地區，台灣未來要在這個產業持續努力追上。透過台灣精緻農業的經驗、網路的高覆蓋率及人民知識水平的堅實基礎，定能逐漸跟上世界循環與友善地球的發展腳步。

官田菱角炭在乾燥的過程。

台灣龍眼炭美麗自然的紋理。

木炭、木酢液之國家 CAS 林產品標準

CAS 木炭：是以木材炭化所得之炭化物，原料材種類有闊葉樹、針葉樹、混合材及木屑成型物等，且不得經防腐劑、防蟻劑、膠合劑、塗料或其他藥劑處理過者。在木炭前會冠以樹種名稱，如相思樹炭、龍眼炭等，以區別其原料種類。

CAS 木酢液：將炭化窯排煙口所排出的煙，經冷卻後所得之液體。靜置六個月後，去除上層部分的輕質油及下層部分的沉澱焦油，所得中層部分的液體為木酢液，或經蒸餾成蒸餾木酢液。

木酢液在收集過程中，會因炭化溫度不同，造成成分的變化。因此，CAS 木酢液特別規定，收集範圍應為炭化窯排煙口溫度八〇～一四〇度，或機械爐爐內溫度二〇〇～三五〇度所排出的煙。其具有獨特煙燻香氣之酸性液體，比重約為一．〇〇二～一．〇二，pH值則約為二～三．七左右。其中水占大部分，約有90％以上，其他則是以醋酸為主之複雜天然有機成分。

檢驗報告

精餾級木酢液對金黃色葡萄球菌、大腸桿菌具 99.99% 有效抑菌，此外，473 項農藥、重金屬、防腐劑、甲醛、塑化劑及 473 項農藥殘留檢驗也完全零檢出。

SGS
食品實驗室 台北
FOOD LAB Taipei
檢驗報告
Test Report

SGS
Ultra Trace Industrial Safety Hygiene
測試報告

SGS
Ultra Trace Industrial Safety Hygiene
測試報告

SGS
Ultra Trace Industrial Safety Hygiene
測試報告

SGS
Ultra Trace Industrial Safety Hygiene
測試報告

SGS
Ultra Trace Industrial Safety Hygiene
測試報告

農場使用「木酢液」生物炭與木酢液改良土壤

農耕對土壤微生物是溫和的

土壤不僅是作物的重要載體，也是傳輸水及各種營養素的重要管道。除此之外，土壤是否健康也與地球的微生物生長有密切關係。土壤及植物的根部周邊有許多微小生物，微小生物在幫助農作物的生長上是相當重要的。

為了使耕種中的土壤微生物盡可能多種類、多量且健康地生存下來，應加大耕種土壤的鬆軟度、充分的空氣量及水分，此對於土壤微生物及作物均是重要的健康條件。植物的根二十四小時皆需要氧氣，氧氣不足時，會阻礙植物根部的生長。另外，如受到未處理好的堆肥所產生的氨及其他有害氣體的影響，植物也會發生枯死、腐敗的情形。

種植土壤若有足夠的氧氣及水分，不僅有助於農作物及土壤中微小生物的生長，而且可幫助增進地力，以及加強土壤面對氣候變遷的適應能力。此外，增加有機物、腐殖、堆肥、生物炭的應用亦可擴大種植土壤的鬆軟度，也是稀釋數倍下的木酢液發揮其讓土壤微小生物增殖效能的基本要件。

粗木酢液可幫助分解有機物

農業用粗木酢液可加速有機物的分解，有助於形成植物養分及腐殖。對於分解微小生物的遺體、樹脂、蠟、丹寧、木質素等，粗木酢液也有良好的效果。

常常施有機肥料的農地內會出現肥料過剩的問題。土壤常偏向過酸或過鹼，不適合種植，又過於潮濕，容易引發棘跳蟲（Onychiurus flavescence）的大發生。這時可使用生物炭改良土壤並使用木屑堆肥、腐殖來防止過剩肥料的流出。此外，粗木酢液稀釋四百倍後，往根部灌注或撒佈亦可以幫助農作物根部強壯與吸收營養。撒佈粗木酢液的堆肥，相當容易與種植土壤混合良好，一方面可消除堆肥中的氨味，另一方面也具有讓堆肥中微生物順利移行至田地土壤中的效果。

讓土壤微小動物生長的生物炭與木酢液

對土壤撒佈粗木酢液後，微小動物的生長變得明顯。過往，撒佈粗木酢液的田地，常可見到排水情形良好的例子。有一白蘿蔔田，常使用生物炭與粗木酢液於田地裡，排水情形良好，且土壤均呈現鬆軟的情形，此種良好的排水與土壤裡的微生物增長息息相關。

有機農場所栽培的水田，特別是有撒佈生物炭與粗木酢液的水田，泥鰍繁殖的數量有明顯增長。相關日本文獻中提到，秋田縣大潟村高野健吉先生，長期在自家水田上使用自製的粗木酢液後，排水溝裡明顯增加許多泥鰍，農田的微生物與生態都顯得生氣勃勃。

農業用粗木酢液可幫助肥料吸收

肥料依土壤性、農作物、栽培狀態的不同，殘留於土壤的成分在質及量上也會有所不同。粗木酢液即使撒佈於田地上，也會透過滲透進入農地下，此將會對根部形成幫助。故一個月二至三次的葉面撒佈，土壤中的氮、磷酸、鉀的殘留量依舊有減少的趨勢。於粗木酢液可產生效用的作物中，會發現生產週期縮短、植物根莖會變粗等顯著不同的現象。

此外，將生物炭與粗木酢液用於水稻的案例中發現，使用在生長階段時，可幫助吸收矽酸，使水稻形成較堅硬的粗莖，不易發生倒伏。

特別的是，使用粗木酢液約兩百倍稀釋液時，若撒佈次數過量，有時莖葉會變硬。所以通常農友們都必須依照自己的種植經驗與不同氣候、作物來調整粗木酢液的稀釋與使用頻率。一般來說，驅蟲或抑菌等可稀釋兩百倍至四百倍，一般防治病蟲害則是稀釋八百到一千倍來使用。噴灑時間通常為日出前或日落後，每次噴灑效用可持續二至三日，如遇病蟲害或下雨，就要增加噴灑次數來因應。

該如何選擇木酢液

市面上的木酢液產品越來越多了，為了讓大家瞭解品質的好壞與使用的方式，筆者要在這邊與讀者分享，如何選擇安全的木酢液用品。

依國內CAS認證標準，從木材的取得就必須選擇無加工過的天然樹材，回收的修枝可選擇常見的相思木、龍眼木、荔枝木等闊葉樹修枝作為炭化材料，首要注重木材來源與安全。**因為木酢液可能會應用到土地、農場甚至是居住環境與肌膚表面，所以絕對不能使用有毒的樹種，或是有汙染的木材來作為原料。萃取出來的木酢液，也需要定期檢測以確認木酢液成分的品質狀況。**

安全的木酢液與其他天然素材配製而成的產品，也應該以「全中文且全成分標示」，消費者才能夠確實閱讀瓶身標示，理解配方與萃取物存在於產品的原因，例如木酢達人太陽洗衣精瓶身上寫出的全成分為：純水、蒸餾木酢液、椰子油起泡劑、鹽巴。成分配方含量由高到低依序標示且全中文能夠讓消費者閱讀，才可創造安心選購的基本條件。

特別值得一提的是，市售清潔保養用品因為擔心變質，會添加防腐劑或是抑菌劑來穩定產品。而「天然木酢液含有許多抗菌成分」，這個特性可讓添加有木酢液作為配方的清潔保養用品，減少防腐劑與抑菌劑的使用量，即使產品放置在特別潮濕的環境中，也只需要搭配千分之三左右的食品級三梨酸鉀作為輔助，就能兼顧使用的安全性與品質的穩定性，不至於因為變質而影響用戶健康。

清潔的本質是安心，我們都不應該過度追求具風險性的保養功效。筆者認為，應該與自然為伍，以自然萃取、天然素材、無毒材料作為清潔配方的產品最好。以木酢液來說，它來自大樹，具環保特性，而且本身強大的抑菌力讓它能夠抵禦環境的汙染與侵擾，是強大生命力的代表者，所以建議可以選擇木酢液與木酢液為配方的清潔用品來保護我們的肌膚、家庭環境與家庭成員。除此之外，完成清潔後所排放的家庭廢水，也不會造成環境的汙染。

天然的產品與減塑的包裝

二〇一八年起，台灣起跑限塑令，宣導大家養成自備購物袋的習慣。坊間也越來越多咖啡店、手搖飲料店、餐飲店推出了自備環保容器的優惠。除了減少一次性容器與包材的浪費，「我們還能為地球做更多」。

「無包裝商店」「增加重複使用次數」，以及「可分解的天然材料」，是筆者看到執行最具成果，也是最多創新團隊正在投入研究的方向。

「無包裝商店」裡販售著無包裝的各式產品，裸秤裸賣，消費者可攜帶自家的容器來盛裝商品，以秤重付費的方式直接購回使用，包括了各種生鮮食材、環保清潔劑、糖果與炸物熟食等等，在台灣，隨處都可以看到支持的店家與消費者越來越多。

「增加重複使用次數」則是希望改善產品經消費者使用後直接丟棄的情況，增加重複使用次數，減少一次性的使用與浪費，例如環保袋、購物袋就可以重複外出購物使用。筆者在二〇一九年推出「環保補充袋一〇公斤裝計畫」，讓長期用戶可以選購大容量一〇公斤裝，一可減少在網上購物頻率，減少運送的碳排放；二可回收消費者使用完畢後的補充袋。消費者只要將補充袋用完後，透過超商宅配寄回總公司，待公司收到補充袋後，就會進行清潔殺菌再填充的

工作，將補充袋循環再利用。據統計，至二〇二〇年，筆者公司節約了瓶罐與含有鐵件的按壓頭兩萬個以上。

許多國內外新創公司對「可分解的天然材料」都投入了非常多的研究經費與時間，期盼透過各種生物材料製成環保吸管、無塑膠成分的塑膠袋、可完全分解的刀叉用具等，取代過去的一次性塑膠製品。筆者也非常期待這一天的到來，扭轉因為塑膠所造成的環境與海洋汙染，給下一代子孫一個乾淨的地球。

林木養護
林木過於茂盛 經過適當整伐
可讓留存之林木生長更健康
生態
鼓勵植樹
透過專業的規劃鼓勵植樹，
協同建立起護林生態
木材分類
依木材大小及品質來做後續
生產的區分
林木生態
永續循環
生產
市場銷售
透過多樣性的特色環保生活
產品創造出良好的市場銷售
木作/木炭/木酢
分類後的處理，由木作到木
炭的燒取，並收集煙靜置產
生木酢液
生活
品質及跨域應用
透過專業的研發生產及藝術
作品產出更有價值的應用
木酢達人以「生態、生產、生活」的共好共存
讓林木修整獲得再利用的機會
所生產的木作/木炭/木酢液
可以運用在復育林地與家庭生活清潔需求
能在經濟生產過程中
保持與環境的共生循環
展開循環經濟藍圖的典範

將行道樹、校樹分類回收再利用，做成木作、木炭及木酢液，讓林木剩餘變得豐盛，生態、生產、生活的平衡點，創造更高價值。我們必須珍惜這份資源，妥善運用大自然的保護力來幫助世界。

產業轉型 循環經濟 生態永續

在台灣，每年有四百五十一萬噸農林剩餘資材，包括筆者在內的許多傳統炭廠，經營方式皆是以契作方式鼓勵製炭、修樹師傅們繼續努力回收廢枝來生產炭與萃取木酢液的工作，讓傳統炭產業逐步轉型，也讓廢棄林木獲得再生。

二〇〇八年起，木酢達人以「循環經濟─從種下一棵樹開始」，從回收林木到加值再利用，成功透過電子商務銷售到包括台灣在內的七個海外地區。木酢達人在台灣生物炭產業的循環經濟模式，也獲得時任行政院國發會陳美伶主委特別表揚，邀請筆者擔任台灣地方創生輔導團成員。

台灣的循環除了木炭、竹炭之外，還有精彩的台南官田菱角炭。官田區是台灣「菱角」主要產地，然而每年超過上千噸的菱角殼卻造成當地環保的頭痛議題。

以生物炭循環的方式推動後，製成美觀的吸附炭、紡織品與各種擴香應用。在當地社區實踐改善空氣（復康巴士淨化）到水質淨化（撒入菱角田）再到土壤改良的應用（稻米耕種）一整個完整循環模式，是台灣地方創生解決農村問題最成功的案例。包括用藥汙染、生態危機、廢棄物處理以及農村人力外流、人口老化等，都因為「那顆炭」而開始改變。

我們深信，唯有「產業模式改變」，才是讓人類與生態永續共存最根本的方法，但最重要的推手，是所有人有意識的購買與支持。

◀左圖為菱角炭的製作過程

收集菱角殼

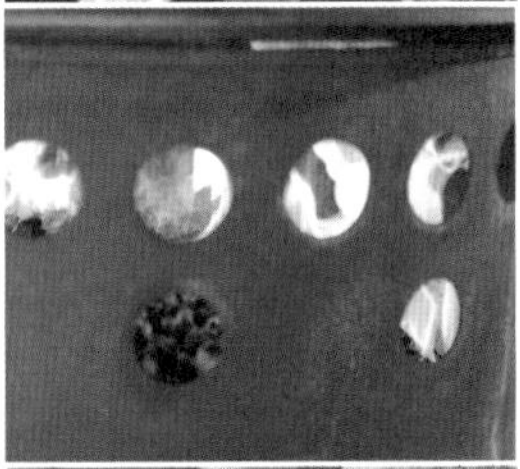

炭化燃燒

炭化冷卻後晾乾

菱角炭成品

CHAPTER

2

家庭清潔
很重要

預防醫學，從安全清潔開始

避免使用廉價石化清潔劑

選天然、低汙染、易分解、成分明確的產品

徹底清潔，也確保人身與居家環境安全

濫用石化惹的禍

當我們正享受著生活中化學與新科技帶來的便利性，各位是否在不自覺中過度濫用化學產物了呢？或可否再進一步的選擇環保、天然材料製作的清潔用品來取代刺激性較高的清潔用品呢？您的每一個選擇與決定，都將深深影響著我們居住的世界。

各位知道嗎？使我們生活更加便利的各種清潔用品，例如清潔劑、洗髮精、沐浴乳、化妝品等，其實皆需要有化學反應來生產製造。可以說，我們每天都在用化學產物清洗衣服、沐浴洗髮、保養臉部，聽起來好像不太舒服，但事實上，連我們吃的食物裡也含有許多化學物質作為配方。

以石油為原料的合成化學物質，是在一九二〇年代開始大量生產的。科技的進步，可將石油裂解，產生汽油、機油、柏油等各種人類需要的產品，同時也生產許多副產品，可用來進一步製造許多合成化學物質，例如塑膠、界面活性劑等。

合成化學物質雖然便利，成本也低廉，但是這些物質進入人體後，會對人體產生許多負面影響，比如最近國際間大聲疾呼禁用的微粒塑膠，就是透過食物鏈進入了人體。另外值得注意的是，敏感肌膚與過敏患者的人數越來越多，市面上常見的劣質清潔劑也被爆出含有環境荷爾蒙有害人體健康，類似問題終也漸漸廣為人知，這都是因為過度濫用石化所惹的禍。

從石油裂解所取得的界面活性劑是一種化學物質，可以減弱油汙的表面張力。所謂「表面」是指兩種性質相異的物質的界面。在兩種無法混合的物質之間，必定存在著「界面」。界面活性劑就是可以在這種「界面產生作用，改變界面性質的物質」。

清洗東西的時候，由於界面活性劑的作用，會將油垢和水混合在一起，所以沖水以後油垢被帶走，碗盤、衣物就乾淨了，這就是界面活性劑的作用原理。

在目前的家庭用清潔劑中，最被大量使用的主要界面活性劑就是「LAS直鏈烷基苯磺酸鹽」。LAS系列的洗淨力、滲透力佳，價格便宜，因此被大量使用。

常見市售清潔品裡的合成界面活性劑				
界面活性劑	陰離子 界面活性劑	陽離子 界面活性劑	兩性離子 界面活性劑	非離子 界面活性劑
特　色	洗淨力強	殺菌力強	可軟化	乳化力佳
常用的 清潔產品	肥皂、 石化清潔劑	標榜殺菌、防霉、 消毒作用、防水劑	洗髮精、潤髮乳、 柔軟劑	化妝品基劑、 潤滑劑

然而，隨著人們環保意識的提高，逐漸了解石油系合成化學物質，除了會傷害地球環境，同時也會傷害我們的身體。但由於這些產品方便又有用，生活中不可能完全除去石化產品不使用。我們應該要做的，是去了解石化產品真正的問題，然後盡量在日常生活中減少非必要性的石化產品，有意識的多選用天然安全的產品來取代。

談論到天然清潔與減少石化成分的使用時，我們可以思考以自然植物萃取的天然物質來替代石化成分的一個可能。

從前一章樹木的循環回收再利用過程中，我們知道可以將木酢液透過炭化高溫與蒸餾萃取出來，再經過合格檢驗，通過包括重金屬與刺激物質等零檢出確認安全性後，即可將天然蒸餾木酢液的酸與抗菌力運用於生活中，替代石化清潔劑來完成清潔

工作！

蒸餾木酢液內含兩百多種成分，含量最高的天然醋酸成分可以分解油垢，特別是清潔物品表面汙垢的效果令人驚艷！像是廚房的流理台、餐桌以及衛浴五金水龍頭上的水垢，噴上木酢液後擦拭，都可以輕鬆恢復光亮。而且木酢液來自循環的樹枝回收，大量使用既可以幫助林木回收又不傷害環境，高安全性也不會傷害肌膚與呼吸道，這麼多好處，實在是值得好好認識與善用。

過去擔心家中孩子誤用清潔劑導致臉部、呼吸道傷害的新聞將不再出現，未來家中成員都可以使用天然木酢液清潔品來完成清潔工作，光是想到這一點，就令人感到振奮與期待！

人工合成清潔用品的疑慮

動動手，檢查一下家中的清潔用品，可以發現，原來產品中幾乎都含有人工合成的界面活性劑成分。合成界面活性劑是由石油裂解製成，具有容易起泡、包覆並帶走油脂汙垢的作用，然而相對的，這種方便的產品，也有破壞皮膚表面屏障，造成有害物質滲透到皮膚裡的潛在風險。家中成員或清潔者在使用時請注意安全須知，必要時可戴上手套，防護肌膚過度接觸。

請看看這些產品後面的標籤，有「十二烷基硫酸鈉（SLS）、乙二胺四乙酸鈉（EDTA-2Na、EDTA-3Na、EDTA-4Na）、氯二甲酚（chloroxylenol）……」等成分標示嗎？這些成分屬於國家認可的人工合成化學物質，但是這些物質在長時間、高頻率下具有一定的刺激性，所以使用時請留意注意事項。

不過，每天使用這麼多的清潔劑產品，除了人工合成界面活性劑，還含有防腐劑、香料、染色劑等合成化學物質，這對人體肌膚、呼吸道甚至是環境真的沒有問題嗎？其實，經常使用，可能會經由皮膚吸收這些有害的化學物質，有時反應較快速的會立即使皮膚出

現乾燥發癢等狀況，有時還會誘發皮膚炎、呼吸道過敏等症狀。而令人擔心的是，有些成分已經被公認為具致癌性和環境荷爾蒙，因此建議在購買清潔用品時，一定要學習查看產品成分標示。

提到環境荷爾蒙，這是人們使用石化產品以後，化學物質漸漸釋放於環境中，雖然濃度不高，卻會漸漸對人體和環境造成傷害。例如有種環境荷爾蒙壬基酚是造成雄魚雌性化的元兇，更證實會影響、危害人體健康，因此環保署已規定禁止製造含壬基酚、壬基酚聚乙氧基醇於所有家用清潔劑內。

合成界面活性劑會傷害人體，也漸漸出現許多案例和報導，因此，台灣衛福部重新制定了清潔劑的規範，例如市售洗碗清潔用品需在合格化妝品工廠生產，並於二〇一八年起，不得宣稱產品為「純天然」「添加食品級材料」等混淆消費者。

有沒有環保清潔劑呢？有的。這指的是產品本身成分採用生物分解度高且無添加有害環境的配方，如不添加磷、不含螢光劑、含氯系漂白劑、甲醛及其他有害環境的化學物質。磷會使水源優養化，造成水中生物死亡，螢光劑會傷害皮膚，而漂白劑不僅具有刺激性，還有腐蝕性，甲醛更是會造成人體呼吸道、大腦等傷害，非常危險。正因為這些疑慮與傷害，人們應選擇較為天然且環保的清潔劑。

好消息是，大家終於也開始努力學習使用天然素材作為清潔方案，如小蘇打、檸檬酸、醋、肥皂等，但是依舊存在著一些問題。像醋的濃度需要調和好才能使用、小蘇打放久了會失去效用且清潔效率不佳、檸檬或柚子果皮等酵素則有腐爛發臭及保存不易的問題，至於肥皂則因為偏鹼性，易讓冬季肌膚形成乾燥的狀況，種種因素導致大眾最終仍是傾向選擇易取得且便宜的石化清潔劑。

家家戶戶清潔後所產生的家庭廢水，在都會區有統一廢水處理，但在鄉村地區或戶外清洗時，廢水清潔劑就直接排入水溝、進入河川與湖泊，造成水中原本正常生長的藻類大量繁殖，排水管路易有異味、細菌、蟑螂、老鼠、蚊蟲的衛生問題，最終還會進入食物鏈，結果受害的一樣是住在地球的我們。

既然如此，那選購標榜「環保」的洗劑應該就不會錯了吧？很遺憾的，市售洗衣粉標

木酢洗碗精
Wood Vinegar Dish Soap

全成分：淨水、椰油醯胺丙基甜菜鹼、C8-16烷基糖苷、蒸餾木醋液、羧甲基纖維素、三仙膠、r-PGA聚麩胺酸鈉（納豆萃取）、冷壓檸檬精油、甜橙精油、山梨酸鉀(<0.2g/Kg)

如果產品上有清楚標示成分就對了。
有些廠商會隨便寫幾個成分或者毫無標示，購買時要特別注意

榜無磷添加，卻含有螢光劑。同樣例子，標榜著「天然環保、植物性」洗碗精，成分表卻含有香精、增稠、防腐劑等成分，實在讓人搖頭，所以還是必須仰賴消費者自己看清楚再選購。

其實這種行為很正常、正確，我們卻不好意思去「詳加閱讀，或詢問廠商關於產品成分」，深怕引起紛爭。請試著告知對方，我因為對某些物質會過敏，所以必須詳問清楚，才能保護自己與家人安全。筆者相信，一定可以獲得同理心的真誠溝通與互動，而這也是選購清潔用品最關鍵重要的。

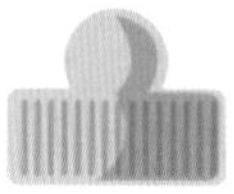

〇〇洗碗精
〇〇 Dish Soap

主要成分：水、椰油醯胺丙基甜菜鹼、C8-16烷基糖苷、三仙膠

市售產品常常只標示「主要成分」

木酢洗碗精
Wood Vinegar Dish Soap

全成分：淨水、椰油醯胺丙基甜菜鹼、C8-16烷基糖苷、蒸餾木醋液、羧甲基纖維素、三仙膠、r-PGA聚麩胺酸鈉（納豆萃取）、冷壓檸檬精油、甜橙精油、山梨酸鉀(<0.2g/Kg)

木酢產品成分皆為「全成分」標示

食藥署化粧品衛生安全管理法第七條規定：

化粧品外包裝或容器，應明顯標示品名、用途、用法及保存方法、淨重、容量或數量、全成分名稱、使用注意事項、製造或輸入業者之名稱、地址及電話號碼輸入產品之原產地（國）、製造日期及有效期間與批號；特定用途之化粧品除前述標示項目外，應另標示所含特定用途成分及含量。所有成分名稱由含量高至低排列標示方式；產品製造日期及有效期間等事項應以壓印、不褪色油墨或打印方式標示。

生活清潔用品中常見但令人擔心的石化成分

廚房清潔劑

聚氧乙烯基醚硫酸鹽 AES
烷基氧化胺 Alkyl Amine Oxide
聚氧乙烯烷醚 Polyoxyethylene Alkyl Ether

洗衣精、柔軟精

聚氧乙烯烷醚 Polyoxyethylene Alkyl Ether
丙二醇 LAS
脂肪酸乙醇胺 Fatty Acid Ethanol Amine

洗髮精、潤髮精

十二烷基硫酸鈉 Sodium Laureth Sulfate, SLS
丙二醇 Propylene Glycol
二乙醇胺 Diethanolamine
苯甲酸 Benzoic Acid
苯甲酸鈉 Benzoate
乙二胺乙四酸 EDTA, Ethylenediaminetetraacetic Acid
乙二胺四乙酸鈉 EDTA-2Na, EDTA-3Na, EDTA-4Na

沐浴乳

碳酸氫鈉 Sodium Hydrogen Carbonate
色素
香料
硫酸鈉

生活清潔用品中常見但令人擔心的石化成分

牙膏、漱口水

丙二醇 Propylene glycol
十二烷基硫酸鈉 SLS
苯甲酸鈉 Benzoate
香料、酒精、聚乙二醇

染髮劑

對苯二胺 p-Phenylenediamine, PPD
胺基酚 Aminophenol
間苯二酚 Resorcinol

止汗劑、爽身噴霧

氯化苯胺松寧 Benzethonium Chloride
鄰苯二甲酸酯類 Phthalate Esters
鋁鹽類 Aluminum Chlorohydrate

除臭劑芳香劑

對二氯苯 Paradichlorobenzene

疫情時代令人疑惑的清潔劑

「次氯酸水、次氯酸鈉」抗菌噴霧

新冠肺炎疫情期間，含有次氯酸根的鈉鹽—次氯酸鈉（sodium hypochlorite）受到很多消費者的注目，其為漂白水的主要成分，水解後會產生次氯酸（HClO），殺病毒原理是抑制蛋白質正常作用或破壞結構導致變性。次氯酸鈉雖有良好的抗病毒效果，但是對皮膚、黏膜和呼吸道具有刺激性，故不建議用於皮膚消毒，適合用於大面積的家居環境清潔。

不選多功能的強效清潔劑

市售宣稱一種清潔劑就能洗遍所有東西，金屬、木頭、地板、衣服都可以洗，但這類產品，通常都含有刺激性很強的物質，所以要小心。我們必須要有專物專用的概念，因為畢竟形成汙垢與清除方法、機制都不一樣，若濫用一通，反而會造成環境汙染與清潔劑的浪費。

宣稱抗菌、殺菌，但不等同可以殺病毒

石化洗潔劑裡面的界面活性劑，本來就有殺菌效果，不必另外添加抗菌成分，標榜抗菌、殺菌功能等產品通常含有三氯沙（triclosan）、烷基酚（壬基酚等環境荷爾蒙），傷身又破壞生態。除此之外，在新型冠狀病毒流行期間，也要特別留意「抗菌、殺菌，並不等於也能殺病毒」。

用黃豆粉、茶粉洗碗好嗎？

用黃豆粉、茶粉等天然材料來清洗油鍋、碗盤，乍聽之下應該很環保，但其實這些粉狀物容易卡在水管和下水道堆積，不僅造成水流堵塞，更需要定時通水管。此外，還容易滋生害蟲與產生異味，降低居住的生活品質，顧此失彼。

家用清潔劑裡的致癌物：甲醛

根據國內研究調查，隨機抽驗市售八十件食品用清潔劑，包括洗碗精、蔬果洗潔劑等廚房常見的洗潔劑，結果出現了令人驚訝的發現，竟然半數都含有致癌物質甲醛（Formaldehyde）。甲醛俗稱福馬林，是一種無色化學氣體，為常見的有毒化學物，國際癌症研究機構（International Agency for Research on Cancer，簡稱 IARC）是世界衛生組織下屬的一個跨政府機構，也將甲醛列為「人類第一級致癌物」，是一個國際公認的危險化學物質。

我國的國家環境毒物研究中心也說明，「甲醛會造成鼻咽癌（人類的致癌證據充分），以及鼻腔癌與鼻竇癌（人類的致癌證據有限）。」對於免疫系統的影響，主要是會發生過敏反應。另有研究指出，吸入甲醛可能會引起氣喘。若是皮膚接觸到甲醛，則會產生接觸性皮膚炎。

日本厚生勞動省繼一九九七年首度針對甲醛設定室內指標值後，更進一步對甲苯（Toluene）、二甲苯（Xylene）、對二氯苯（Paradichlorobenzene）、乙苯（Ethylbenzene）、苯乙烯（Styrene）等十三種化學物質設定室內濃度的指標值。

這類化學物質會經皮吸收，成為經皮毒，累積在人體中，就會引發「病態建築物症候群」或過敏。

根據世界衛生組織WHO指出，所謂「病態建築物症候群」是指，新建屋或房屋改建時，若有人出現眼睛或鼻喉黏膜刺癢、皮膚出現蕁麻疹或濕疹、容易疲倦、頭痛、無法喘息或氣喘、暈眩、噁心、嘴唇等黏膜乾燥，以及對刺激產生過敏反應等症狀其中之一或兩個以上，就可以確定為「病態建築物症候群」。

甲醛廣泛使用在人造板材、塑料地板、化纖材料、塗料和黏著劑中。室內裝修材如發泡膠、隔熱層、黏著劑、織物、地毯及樓版面材中亦含有甲醛，如果可以，請盡量選用綠建材，就能從根本解決問題。但如果目前已面臨了甲醛困境，或許可以透過「生物炭」來除去或吸附甲醛作為解決方案。例如成功大學與官田區公所推廣的環保「菱角炭」，目前是台灣燒製一千度以上且品質管理非常好的生活用炭，「比表面積」的吸附力經實驗檢測為一般生物炭的數倍以上，只需六十克的菱角炭，就可以讓一個置物櫥櫃或衣櫃達到吸附效果，推薦讀者可嘗試使用於家中，作為淨化空氣、吸附甲醛的觸媒。

不過話說回來，為何洗碗精裡會有甲醛呢？

由於市售洗碗精保存期限很長，多達三年，為了避免微生物的孳長，都會添加防腐劑，防止洗碗精開瓶之後，空氣會將細菌帶入瓶內，並在瓶裡開始滋生，為了避免這個狀況，洗碗精裡面就必須加入防腐劑。您可以將洗碗精拿起來看一下成分表，如果有：Quaternium-15、DMDM Hydantoin、Diazolidinyl urea 及 Imidazolidinyl urea 等這些成分，就有產生甲醛的疑慮。

有些清潔產品雖然標榜不含有「甲醛」，但並不是完全不含甲醛或是會釋放甲醛的化學物，而是用了其他的名字。因為甲醛又稱作蟻醛（methanal）、氧化亞甲基（methylene oxide）、甲基醛（oxymethyline）、甲醛（methylaldehyde）以及羰基甲烷（oxomethane）。因此，還要注意購買的產品中有沒有以上的中英文字。

認識洗碗精最常見的成分

國內洗碗精製造廠最普遍使用的界面活性劑成分為月桂基硫酸鈉（或稱為十二烷基硫酸鈉；sodium lauryl sulfate, SLS）。除了界面活性劑，一般洗碗精成分還包括抗菌劑（功能為抑制微生物生長，例如氯己定葡萄糖酸鹽Chlorhexidine Gluconate）、防腐劑（功能為防腐、延長產品保存，例如安息香酸鈉Sodium benzoate、苯甲酸benzoic acid）、起泡劑（功能為產生大量泡沫）、增稠劑（功能為增加稠度，例如精鹽、椰子醯胺Cocoamide DEA）、香料（為添增氣味。國人最喜歡的味道包括有檸檬及柑橘等）、著色劑（功能為添增顏色）及其他添加物等（包括分散汙垢、軟化硬水、幫助界面活性劑發揮洗淨功能等，例如磷酸鈉、矽酸鈉、碳酸鈉等）。

（資料來源：臺灣大學環境衛生研究所）

從有記憶以來，我的富貴手就很嚴重，再加上也有「蕩甲（台語）」，所以洗碗很痛苦！

我住在高雄，高雄的水有氯，導致我手指頭都有水泡。九年前，孩子在幼稚園時期須要練習洗碗，我怕他洗不乾淨，所以最先入手的是洗碗液。木酢的洗碗液除了讓爸媽放心，也讓我的富貴手獲得解脫，不再因為市面上添加「香料、酒精」的產品而破皮疼痛。

持續使用後，讓我在跑業務、認識新朋友時，能大膽勇敢的伸出手來握握手！

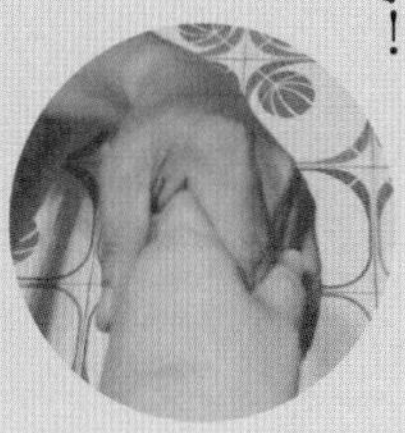

高雄　陳小姐

令人頭痛的過敏性皮膚炎

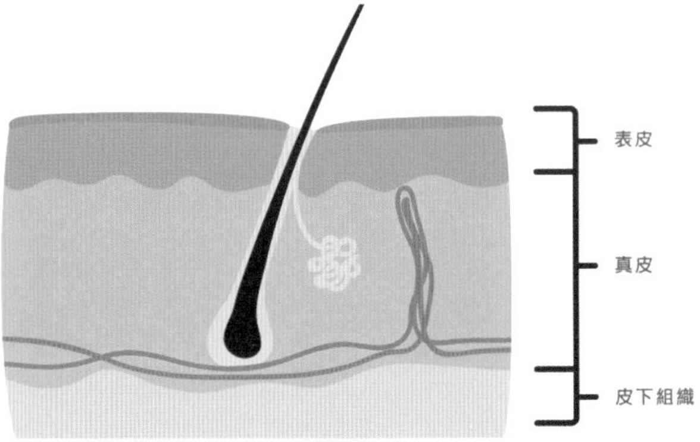

每天使用的清潔用品中所含的有害化學物質，會經由皮膚吸收不斷累積，結果不僅會使皮膚出現狀況，也會誘發皮膚、呼吸道等過敏症狀，還會更進一步導致各種疾病（生活習慣病等）產生。

皮膚分成「表皮」「真皮」「皮下組織」。表皮部分是最薄的，可以防止外來異物入侵，具有保持水分的重要功能。皮膚表面呈弱酸性，pH值維持在四～六．五之間。

皮膚表面存在著肉眼不可見的常在菌，維持平衡也維持皮膚健康。只要皮膚角質未有損傷、常在菌狀態正常、pH值維持弱酸性，皮膚就能夠發揮完全的屏障機能。

但有時皮膚有傷口，或是角質變薄，皮膚表面出現裂痕時，皮膚的屏障機能就會降低，有害化學物質或如金黃色葡萄球菌就會趁隙，從皮膚上的傷口侵入。

皮膚容易吸收有害化學物質的部位，都是皮膚較薄的部位，例如頭部、額頭、下巴、腋下、背部與私密部位等，這些部位由於屏障比較弱，特別容易經皮吸收有害化學物質。

我們經常使用各種含有化學成分的香水、乳液、沐浴、洗髮等各種化學製品，在這些容易經皮吸收的部位，例如在頭皮上使用洗髮精、護髮油、生髮劑、染髮劑；臉上使用各種化妝品；腋下則使用抑汗劑、香水；口腔黏膜則使用牙膏及漱口水。除此之外，雙手經常會搓洗使用清潔劑，久而久之，皮膚也會變薄。或是皮膚由於酸鹼不平衡，使得益菌失去平衡，造成脫皮紅腫的「咬手」反應，長久下來一直都不好，就形成俗稱的富貴手。

也就是說，家用清潔用品、保養用品等，含有合成界面活性劑，會減弱皮膚表面的屏障機能，提高化學物質的吸收率。我們每天都在用清潔劑，如果清潔劑中含有有害化學物質，就會以慢性微量蓄積的途徑進入皮膚，傷害人體，這種過程現在已經有名稱，叫做「經皮毒」。

合成界面活性劑含有較高濃度的經皮毒物質，會隨著觸摸或留在衣物裡面，附著到皮膚表面後，輕易地從皮膚表面滲入皮膚內部，逐漸進入低濃度的人體組織。進而出現許多

皮膚問題。

例如皮膚變得老是紅腫發癢，抓破結痂好了以後，又莫名繼續紅腫發癢，若不斷重複這個惡夢，表示可能已經出現了一種越來越常見的皮膚問題——異位性皮膚炎。這是過敏性皮膚炎的統稱，如果忍不住去抓，還會造成皮膚紅腫、發炎，一旦力道過猛抓破皮、滲出組織液，則恐會引起細菌感染，甚至導致蜂窩性組織炎。

有些小孩子出生數個月大時，就被診斷為異位性皮膚炎，肌膚表面呈現粗糙感，這是因為肌膚屏障已受到傷害，如再受到金黃色葡萄球菌、塵蟎、香精等化學物質的持續侵擾，就會誘發肌膚表皮紅腫發癢，容易長時間反反覆覆的發炎，甚至晚上都無法睡覺，一直哭。根據統計，從小出現異位性皮膚炎的患者，也容易出現氣喘、過敏性鼻炎等反應，故家族成員必須謹慎照顧。皮膚炎發生原因除了遺傳因素，飲食與環境也是誘發因素。接觸過多的過敏原如牛奶、雞蛋、海鮮、花生、貓狗毛、灰塵、黴菌、空氣汙染物與二手煙等物質也會誘發過敏發生。

我們應該怎麼做才能改善、減少過敏的發生呢？以下筆者特別提出飲食控制與充足睡眠兩點。許多專家尤其推薦「飲食控制」的方法來幫助身體與肌膚找回健康，包括選擇原生食物與減少食用加工食品，並搭配一六八等斷食法，讀者若對這部分有興趣，可以查找相關資料好好研究。

此外，提升肌膚與居家環境的清潔品質也是一種方法，首先，可從改變皮膚容易接觸的清潔用品和保養習慣開始。這部分並不能過分期待透過清潔或保養來治癒過敏症狀，而是轉向思考如何降低過敏發生的程度與頻率。例如洗澡時水溫不要太熱、沐浴泡澡時間不要太久、選用皮膚炎或敏感性皮膚專用的沐浴用品與無添加乳霜或無添加油品（例如沙棘油），在沐浴後塗抹全身，以此改善皮膚乾燥的情形，只要稍微改變日常習慣，就能對過敏者有幫助。

居家清潔的部分，像是床單、布質窗簾與沙發布等，一週一定要清洗烘乾一次，並經常使用吸塵器，搭配含有殺菌成分的清潔劑邊噴邊吸附，以減少環境中的過敏原和刺激物。洗滌衣物時，選擇無香精洗衣精才不會因為殘留在衣物上導致過敏。這些努力都能減少日常生活中過敏發生的程度與頻率。

過敏者與照顧者在清潔劑的選擇與使用上頻率更高，所以更須要用心去做選擇。昂貴的空氣清淨機、塵蟎吸塵器、除濕機與各種殺菌、殺蟎的用品在市場上琳瑯滿目，筆者則建議長期受過敏侵擾的讀者們以自然為師，調整生活作息，睡眠要充足，從清潔劑到食物都盡量選擇天然且成分簡單的原生素材，減少使用過度加工的產品，居家環境則朝著斷捨離方向努力減少雜物，並嚴格控制環境濕度。

筆者知道，這些習慣須要非常用心才能維持，但只要養成習慣後，包括家人與孩子們也都會學習到正確的清潔習慣，對他們未來獨立外出生活時，將是非常寶貴的無形資產。

炭師傅有祕方 不會得香港腳？

「炭師傅不會得香港腳」是民間一個有趣的傳聞，探究原因是木酢液內含有兩百多種成分，其中，豐富的木質酸與醇類、酚類等就可以抑制香港腳等黴菌（白癬菌）於皮膚角膜層引起的皮膚病，特別是木酢液含有的抑菌高手酚類（Phenol），更是扮演關鍵要角。但是木酢液對肌膚有益這件事是怎麼被發現的呢？

有一說是因為燒製木炭時，林間充滿著高溫水氣，這些水分子偶然間飄進了炭師傅在炭窯邊待用的水桶裡，木酢液水分子就與桶內的水混合在了一起。製炭師傅在不知情下取水清洗沐浴，身上類似現今灰指甲等黴菌感染的患部竟好轉了許多。這個消息很快在鄉間傳開，往後，村民們只要肌膚有不適，就會去跟炭師傅取一點窯邊炭水回來擦洗浸泡。此傳聞也就慢慢成為炭師傅們給社會留下有趣記憶印象。

股癬是感染真菌（毛癬菌）後所引起的皮膚病，好發於股間、私密部位與臀部等處，易搔癢且反覆復發。尤其現代人喜歡穿著牛仔褲，遇夏季大量出汗又不透氣時，特別容易感染得到股癬。我們可以嘗試學習老智慧，使用蒸餾木酢液噴於紙巾上擦拭，或用來浸泡泡澡，就能有效預防並達到清潔的效果。

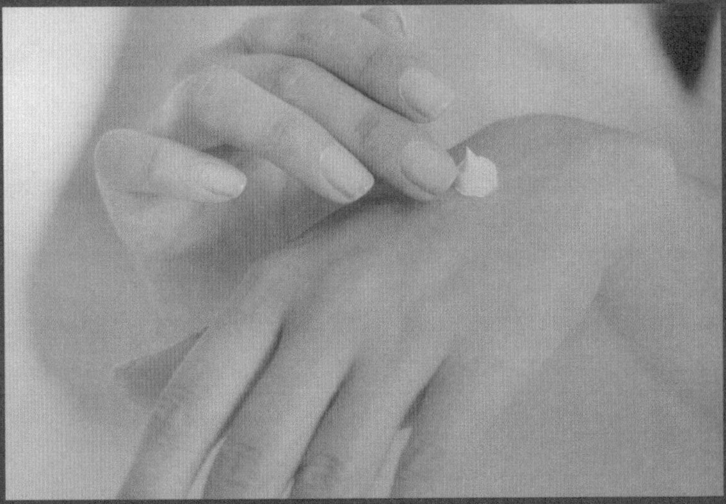

CHAPTER

3

身體清潔
與皮膚保養

選擇成分簡單 對身體安全的產品

養成日常清潔的習慣

才能做到預防醫學與身體健康

惱人的皮膚問題

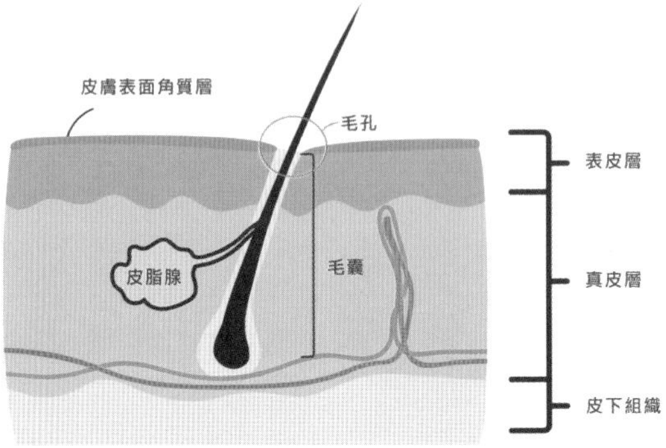

人體的皮膚由外到內，可以大致區分為「表皮」「真皮」「皮下組織」三層構造。表皮很薄，只有約〇・二公釐，擔負著防止細菌入侵、保持水分的重要功能。

一般身體清潔用品的合成界面活性劑，會滲入看不見的常在菌，就像腸道內的細菌與我們和平共處一樣。皮膚上的常在菌多為葡萄球菌（Staphylococcus epidermidis），當皮膚正常，這種菌就不會作怪，維持酸性，使皮膚呈現健康狀態。但是，一旦過度使用清潔劑，使皮膚酸鹼值失去平衡，甚至連常在菌都一併消滅掉，皮膚就會出現各種問題。

現在有太多人皮膚有過敏狀況，大多皮膚的酸鹼值也已經失去平衡，呈現不穩定狀態。有的皮膚問題甚至已經形成慢性疾病，例如現在普遍聽到的異位性皮膚炎、濕疹、乾癬等，出現令人困擾的紅腫、發癢、乾燥、皮屑、紅疹等反覆狀況，造成生活中許多困擾。

近年常聽聞，異位性皮膚炎患者一旦長時間沒有好好照顧，皮膚就可能會失去正常的屏障與保護功能，受到環境中細菌感染。此時，醫生通常會搭配抗生素與類固醇來做為治療方式。這時請遵照醫囑，切勿自行增加用量或突然中斷藥物使用，因為不當的使用類固醇將可能會導致發生副作用，如皮膚變得乾燥、敏感或變薄等等，反而造成更多肌膚問題與心理壓力。

尤其若家中有過敏兒，幼小的孩子會因為身體發癢一直抓個不停，造成睡眠不足、精神不好，甚至影響發育。學齡兒童則可能會無法專心上課，同時因為肌膚狀況，患者會有自信心不足的情況，相信有過敏肌的家長一定都知道這是多麼辛苦。有時求助醫生，甚至會被要求停用沐浴用品，只能用清水清洗，可見身體清潔產品對皮膚的影響很大。

為何現在孩子過敏的情形比較嚴重？有一種說法是因為婦女在懷孕時以及嬰孩出生後，讓孩子暴露在許多石化產品環境中，包括各種清潔劑、洗髮精、染髮劑，甚至飲食中也含有有害物質，這些會一點一滴被吸收進入體內，造成慢性累積至過敏發生。

皮膚除了手掌跟腳底，幾乎全身都布滿了毛囊，如同我們常見的皮革紋理一樣，那些

小點都是密密麻麻的毛囊。皮膚會從毛囊處長出細小的毛，毛囊也是汗腺和皮脂腺的位置。

當毛囊及皮脂腺阻塞或發炎，會產生紅腫的小痘痘，所以全身上下有毛囊的地方都有可能長痘痘，包括最常見的臉部青春痘，還有背部，甚至手腳處都會長痘痘。背後之所以會長痘痘通常有許多因素，導致其特別難治癒，甚至可能引發毛囊炎。

毛囊炎就是毛囊的發炎反應，容易發生於前胸、後背、肩膀、頸部、四肢以及大腿內側鼠蹊部的地方。此外，皮脂腺豐富的頭皮也常因頭皮毛囊發炎，而容易發生頭皮毛囊炎。

青春痘、毛囊角化症都是跟毛囊有關的病症。毛囊角化症多發生在手臂上側以及小腿外側，摸起來有一顆顆的感覺，但是平常沒有什麼異樣，只是摸起來會覺得皮膚粗粗的而已。

一般毛囊為何會發炎呢？毛囊可能因為頻繁摩擦、過度清潔而產生發炎反應。皮膚的屏障受損後也可能受到細菌感染，其次是真菌（酵母菌、黴菌）感染。病菌進入皮脂腺阻塞的毛囊內，會引起感染發炎，還合併有皮脂腺阻塞引起的粉刺，包括白粉刺和黑粉刺。一般所謂的青春痘、痤瘡，就是一種毛囊發炎的疾病。

不過，除了常見的痘痘，還有許多原因會引發毛囊炎，與每個人的體質、季節變換、環境變化以及個人生活習慣、壓力等因素都有關聯。通常是有好幾個因素交雜在一起而產生，例如悶熱潮濕的氣候與環境，以及容易流汗的體質，加上沒辦法經常更換汗溼的衣服，還有女生為了漂亮美麗而在皮膚上塗擦不適當的保養品、化妝品或防曬乳，導致毛孔無法透氣，都可能間接導致毛囊發炎。

穿著過於貼身及不透氣的衣物，都會使得皮膚無法維持通風涼爽的狀態，如此一來，就可能會造成細菌或真菌（黴菌）等微生物滋生繁殖，造成毛囊發炎。

以台灣的氣候來說，毛囊炎好發於潮濕悶熱的夏季，但冬季寒冷時，穿著貼身的「發熱衣」「衛生衣」時也常會流汗，導致出現毛囊炎。

毛囊炎發生時不只要治療痤瘡桿菌引起的發炎，還要依皮膚科醫師的建議，以有效的制菌清潔產品來清除毛孔過多的角質及粉刺，改善皮脂腺阻塞，讓塞住的毛囊恢復正常。

皮膚保養的重點

環境清潔	肌膚清潔保養	衣著	食物
●選擇成分簡單，對身體安全的清潔產品 ●專注養成日常清潔習慣	●用有效的制菌清潔產品來清潔肌膚 ●避免可能阻塞毛囊的產品來保養肌膚	●穿著寬鬆、透氣、舒適 ●避免穿著過於貼身及不透氣的衣物	●清淡食物為主 ●避免高熱量油炸食物

在飲食上，最好以清淡一點的食物為主，建議盡量避免高熱量、油炸的垃圾食物。

另外須要注意的是，不當的使用護膚產品、油性物質（例如凡士林、礦物油、石蠟油產品）在皮膚上。這些物質對皮膚雖有保養的功效，但過度或錯誤的使用，可能會阻塞毛囊，讓細菌孳生繁殖，導致毛囊炎發生。

另一種細菌性毛囊炎約有八、九成都是來自金黃色葡萄球菌的感染。感染初期會有泛紅、疼痛的症狀，要動用抗生素藥物來殺菌。前胸、後背是屬於汗腺發達、易積汗的位置，也容易罹患細菌性毛囊炎，尤其後背部的毛囊，較大且較深，往往發炎較嚴重，須更有耐心，並更注意皮膚的清潔及醫師指定藥物的使用，治療時程約兩週至三週方可逐漸痊癒。

若是細菌強，或是患者自身免疫力較差，在發炎比較厲害時，會出現「癤、癤子」，患部又硬又痛又化膿，甚至誘發明顯紅、腫、熱、痛，也就是我們說的蜂窩性組織炎。

此時必須立即就醫，並遵照醫師開立的口服抗生素治療，須照療程服用一週到兩週才能停藥，以免產生抗藥性。必要時，須住院接受治療。

若是使用了清潔不夠徹底的浴缸泡澡，容易感染到綠膿桿菌，身體在有泡到的部位，會出現廣泛性的毛囊炎。這種毛囊炎只要注意保持皮膚乾燥，約五、六天後，大多可自然痊癒，痊癒後必須加強清潔浴缸，以免再次感染復發。

習慣蓄鬍的男性，可能因鬍子比較長、比較密而容易滋生細菌，加上天氣炎熱容易出汗、出油，須要特別注意蓄鬍部位的清潔。

也有些男性、女性在刮鬍子、除腋毛時，很少清潔刀具或者清潔不完全，一旦不小心劃傷毛囊附近的皮膚，也有可能引起受傷皮膚感染細菌性毛囊炎，建議刀具在使用前後，用酒精棉、消毒液適度清潔，不小心劃傷皮膚時，先塗一些外用的抗菌藥膏，預防毛囊炎發生。

長痘痘跟每個人天生的體質也有關，但是也很容易受到不良生活習慣、心情、熬夜、免疫力降低因素影響。如果不希望毛囊炎發作，就須特別注意保持環境清潔、皮膚乾爽，以及調適壓力，簡單來說，就是要做好自身的健康管理才是最佳解決之道！

乾淨的關鍵在於濕度控制

當走進一間房間裡，第一口空氣就會告訴我們這空間舒不舒適，各位知道這是什麼原因嗎？

答案就是濕度的控制。

松本忠男三十年來負責全日本各大醫院清潔維護工程，是這方面的專家，他在其著作《這樣打掃不生病》（台灣廣夏出版）一書中特別強調：「居家清潔打掃重點在濕度控制，包括廁所、客廳、臥室，濕度只要控制下來，包括微生物的滋生與潮濕氣味都會有效減少，也能讓清潔工作變得更容易掌握。」

溫濕度健康管理

健康敵人	塵蟎	感冒病毒	氣喘
繁殖環境	濕度 70%以上	濕度 50%以上	濕度 50%以下
	溫度 27度~30度	感染力活躍	溫差大及 乾燥易引發

用濕拖地、濕抹布擦拭桌面物品或沖洗地板等，其實都會讓整個環境變得潮濕，尤其台灣本來就屬於海島型溫暖潮濕的氣候，濕度一高，空間裡就容易產生微生物、潮濕氣味，灰塵也容易沾粘上家具，變得非常不易清潔。若能改成定時使用除濕機控制濕度，並以局部重點清潔及乾擦方式處理，家中很快就會變得清爽乾淨。

避免感染，養成洗手好習慣

最簡單預防接觸傳染疾病的方法就是洗手。包括疫情期間與吃東西前、上完廁所、處理食物前、摸完毛孩子、出門回家、咳嗽或打噴嚏後，一定要洗手，洗去可能殘留在手上的細菌和病毒，避免病從口入，或將病菌帶給家人，尤其是免疫力較差的老人和孩童。所以提醒照顧幼兒的大人或從外面返家的家人，一定要洗手甚至更衣才能抱小孩。

二〇二〇年新型冠狀病毒疫情爆發，最簡單的預防方法之一就是洗手。除此之外，讓家長聞之色變的腸病毒則會在我們的手、衣服、包包、手機、電梯按鈕、手扶梯、門把、購物推車、紙鈔、餐廳碗盤，甚至是在冰箱把手上存活超過二十四小時，所以我們雖然不覺得自己有摸到「髒東西」，但萬一接觸到腸病毒，又沒有做好清潔，就有可能會傳染給孩童。小孩出門時特別喜歡東摸西摸，所以尤其應該注意讓孩童養成隨時清潔雙手的好習慣。

衛福部建議，洗手清潔時要搭配使用肥皂或洗手液，才能有效清除細菌。在戶外或不方便洗手時，可以使用含有酒精的乾洗手液來達到殺菌效果，在疫情期間可以隨身攜帶在身上，隨時使用。現在已經可以看到許多民眾有養成了這個習慣，出門在外，除了戴上口罩，還會隨時拿出一瓶乾洗手往手上或物品噴灑。

但是，有許多清潔用品成分讓人感到擔心，這點須要特別注意，例如含有抗菌成分的洗手乳，市售有些廉價或不知名的洗手乳產品會添加三氯沙（Triclosan）、三氯卡班（Triclocarban）、OPP（2-苯基苯酚）、PCMX（4-氯-3,5-二甲基苯酚，又稱「對氯間二甲苯酚」）等抑菌成分，以消除並抑制細菌。

美國食品藥物管理局（FDA）曾發布訊息指出，目前尚未有確切證據顯示三氯沙有害人體健康，但確實有限制產品中三氯沙的含量。

而且經過實驗證實，洗手乳的清潔功能與肥皂類似，是通過摩擦和表面活性劑的作用，配合水流來清除手上的汙垢和附著的細菌。重要的是，一定要充分沾濕雙手，讓手部的每一個細節，包括指甲縫隙都要仔細搓洗過，搭配衛福部教的七字口訣「內外夾弓大立腕」，確實且完整的清潔，才能確保手部乾淨與衛生，有效降低病原體藉由觸摸口鼻眼部後侵入身體，造成感染。

但經由第二章的介紹，讀者應該會想盡可能選擇無添加石化或較為天然成分的洗手清潔用品吧？要如何兼顧防疫清潔又能自然地減少石化呢？試想，如果能將蒸餾木酢液結合

綿密泡沫可深入毛孔讓清潔效果更好

天然起泡劑製成木酢洗手液，搭配衛福部的建議搓洗方式來清潔肌膚，因其中含有蒸餾木酢液，便可以減少石化防腐劑、抑菌成分的添加物，又可以減少肌膚經皮毒的發生，最後再搭配穀類發酵酒精及植物精油來增加自然香氣與抗菌效果。如果真的有這一款「植物香氛木酢抗菌洗手液」，筆者相信，一定會受到市場歡迎！

順帶一提，近年來，「慕斯泡沫」的清潔泡沫輸出方式，也受到消費者非常多的關注與喜愛，除了用量較原本乳狀、膠狀節省三分之二，綿密泡沫可深入毛孔，讓清潔效果更好！如果洗手液能改成孩童們都喜歡玩的泡泡慕斯狀，就可以提高他們洗手的意願，並養成清潔洗手的習慣。

不過要特別提醒讀者，如果是因為工作或環境上須要經常清潔雙手，要特別注意清潔劑盡量選用天然、

正確使用乾洗手，使用量「一次 2 至 3ml」在手心搓洗 20 至 30 秒

弱酸性、令人安心的植物配方，因為過度清潔手部，很有可能會造成肌膚表面角質受損，須在清潔手部肌膚後，再使用天然的護手霜或是護手乳來照護雙手，維持肌膚的保護力。

再次強調，洗手是最好的清潔方式，不過實際上，我們常會遇到沒有清水，但又須要馬上進行清潔的狀況。特別是有孩子的家長，一旦外出，真的會特別焦慮，這時候就得仰賴含有酒精性的乾洗手作為殺菌、抗病毒的清潔用品。

一般來說，酒精性乾洗手配方中都會含有約67%～70%之間酒精成分。面對新冠肺炎疫情，民眾使用酒精性乾洗手的機會大增。酒精性乾洗手之所以能達到消毒作用，是因為高濃度的酒精能穿透病菌，引起蛋白質變性、降解，導致病毒、細菌死亡，但同時酒精也會帶走皮膚角質層上的水分，讓皮膚乾癢、緊繃、脫屑，再加上如果用量太少，只是噴個一、兩下，沒有完整沾附於雙手各處，消毒效果會大打折扣。使用酒精性乾洗手會讓手部愈顯乾燥，所以筆者建議，最好每次洗完手就擦含有保濕成分的護手霜，增加肌膚保護力。

防疫期間，台灣衛福部也建議，最好的方式還是在流動清水下搭配肥皂、洗手液洗手。如果手部因為清潔導致不適，建議可於睡前在雙手塗抹上厚厚一層護手霜、護手乳，再戴上透氣性高的純棉手套，這將有助快速修復清潔造成的肌膚症狀。

經過這次新冠肺炎疫情的考驗，台灣防疫能力世界聞名，相信這是全體國民團結配合疾管局的建議戴上口罩、避免群聚、加強衛教宣導、鼓勵洗手與養成良好清潔習慣所致。讓人驚訝的是，二〇二一年為了抵禦新型冠狀病毒感染，執行這些預防措施一年後，包括流感、腸病毒等感染人數也都創下新低，驗證了「預防醫學」對「公共衛生」的重要價值。

有了孩子之後，對於清潔這塊非常重視。之前用了他牌的洗手乳，洗完後手香香，但總覺得殘留很多香精在手上，改用木酢洗手慕斯後，壓一下就搓一搓沖水，很輕易就能洗乾淨，而且洗完後感覺乾淨又乾爽，沒有殘留香精的感覺。尤其在疫情期間，讓我在接觸寶寶時都很安心。

桃園　吳小姐

除了美味更要乾淨才能放心

享受美食時，更要注意環境是否乾淨。常見的食物中毒致病菌為腸炎弧菌、金黃色葡萄球菌及仙人掌桿菌，而最毒的為肉毒桿菌。雞蛋上也有會造成人類食物中毒的沙門氏桿菌。所以享受美食時，更要注意到廚房的整潔程度與掌廚者對衛生清潔的要求。

確實沸騰的煮熟食物之外，在料理過程中，刀具、流理台以及雙手的清潔必須確實，切勿熟食、生食交叉處理，收找零錢的雙手也必須用酒精、洗手液等清潔後才能再料理食物。

油頭大作戰

台灣四季的環境氣候有長達半年是炎熱潮濕的，頭髮的狀況是從早起毛躁到午後油膩，晚上則更顯塌扁，甚至變油頭貼住頭皮，產生油垢氣味。

理想的洗髮用品應該減少石化成分，不使頭髮乾澀打結，也不須要再另外添加複雜的潤髮成分，讓頭皮真的能夠感受輕盈無負擔。忙碌一整天後，就不會顯得厚重油膩。頭皮減少了負擔，頭皮屑自然也會漸漸減少。

引起筆者注意的，是**許多文獻研究中提到洗髮精內如果含有植物酸，可以減少細菌滋生，正確使用下，頭皮能感受清爽健康，經常性使用，頭皮上的頭臭味也幾乎都能改善。**筆者將木酢液結合洗髮配方推出產品，發現木酢液洗髮精的天然木質酸可以中和頭皮流汗後所產生的不良氣味，能夠快速且有效的溫和去除頭皮、頭髮一整天的油垢、異味。

如果是特別容易油頭的人，或從事重度勞力大量流汗的人，以及戴安全帽的機車族，使用一般的洗髮精可能洗淨力不夠徹底，再使用護髮乳等產品之後，會更容易油頭發臭。尤其到了夏天，整顆頭悶在安全帽裡，一脫下來還會散發出異味，真的很不舒服！

洗髮前，先將頭髮好好梳開，用梳子把頭髮和頭皮表面的髒汙弄鬆並帶走

一般人面臨大量落髮、頭皮癢、頭皮屑等問題時，多會購買市面上的去屑洗髮精或是含藥性的洗髮精。但這些產品有藥物成分，使用上要避免副作用，也要特別注意對頭皮的刺激性，一不小心反而會造成過敏，甚至使得皮脂腺分泌增加。如果有使用含藥品成分的洗髮精，建議另購買一款一般溫和洗髮精，兩者交替使用，以免太常用，讓頭皮產生抗藥性，使效果變差。

坊間傳聞，「同一種洗髮精用太久髮質會變差，甚至會掉髮禿頭」，台灣食藥署提醒並不會如此。洗髮精的成分不會傷害毛囊，更不可能造成毛囊萎縮甚至禿頭，如果覺得髮量日益稀疏，想換不同種類的洗髮精達到效果，那是不切實際的。有頭髮或是頭皮問題的時候，一定要先諮詢皮膚科醫師，確定原因及正確的治療方式，切勿輕信洗髮精的廣告

洗髮水溫 40 度左右最剛好，若水溫太高，容易對頭皮造成刺激、增加頭皮油脂分泌

推薦，有時候反而會讓狀況更惡化！

怎樣的洗頭頻率才是正確的？建議「一天洗一次頭就可以」。但如果是頭皮容易出油的人，一天洗兩次也可以，不過建議不要用去油力太強的洗髮精，以免頭皮洗得太乾反而造成傷害。有些人不習慣天天洗頭，擔心每天洗頭會導致掉髮。其實每天的正常落髮量是八十至一百根，在洗頭、吹髮時掉最多，兩、三天洗一次，就會把掉髮量集中在洗頭的時候一次掉，因此會出現洗頭時掉髮較多的錯覺。台灣悶熱潮濕，為避免微生物滋生與頭皮健康，筆者建議，天天洗髮或清潔頭皮才是最好的方式。

洗頭會掉比較多頭髮？

筆者常常被問到：「可以天天洗頭嗎？太常洗髮不是會掉頭髮嗎？」「掉不掉頭髮與洗頭髮真的無關嗎？」

皮膚科醫生說：「洗頭那天掉的量，就是原本要掉的量，所以請放心清潔。」忽略清潔，反而可能導致毛囊炎。

其實，頭皮的健康非常重要，台灣屬於溫暖潮濕的氣候，若是清潔不夠確實，很容易有細菌感染風險，特別是在夏天，建議一天洗一次頭；乾性頭皮、油脂分泌不明顯的人，則要二至三天洗一次。但以衛生角度而言，仍建議勿超過三天。

洗髮精正確來說應該叫做「洗頭皮精」。頭皮的新陳代謝與油脂堆疊是一直在持續的，若沒有認真清潔，輕微者，頭皮可能出現發炎小膿疱、脫屑，嚴重者則會因「細菌性毛囊炎」導致掉髮、脫髮，甚至發生再也無法長髮的情況。

但也請讀者切勿過度清潔。就算頭皮真的很油，一天洗一次就夠了，即使是運動流汗後要洗頭，也只需以清水清潔，不須要一天兩次都用洗髮精，以避免頭皮清潔過度而發癢，甚至脫屑。

必知「正確洗髮六步驟」

步驟一：洗髮前先梳掉灰塵

洗髮前可輕輕梳順頭髮、梳開打結的地方

步驟二：溫水沖走皮屑髒汙

用清水徹底沾濕頭皮與頭髮，如果有外出，可以先沖洗一分鐘，大致將髒汙沖掉。

步驟三：正常清潔

用指腹按摩清潔頭皮，要完整清潔到每處頭皮，沒有一定要從哪裡洗到哪裡才正確。

步驟四：潤護髮品要避開髮根

步驟五：用毛巾吸掉多餘水分，勿用力擰乾

步驟六：吹乾頭髮也是健髮蓬鬆祕訣

使用吹風機時，建議溫度不要太高，也要保持適當距離（至少十五公分），避免高溫傷害頭髮。

新竹　林小姐

我本身是油性髮質，自從用了含有木酢成分的洗髮乳，洗完頭髮後都很清爽，讓我頭皮很舒服，每天使用也不會乾澀，頭髮不再有油油的感覺。我很推薦喔！

新竹　鄭小姐

▲鄭小姐可愛的寶貝也是木酢寶寶

木酢的洗髮精，真的是油性頭髮及細軟髮的救星。洗完頭皮很舒服，每天都用木酢洗髮乳維持清爽的頭髮，已經用好多年了！真的超級好用。

敏感肌膚應該如何選購清潔產品？

現在各位應該知道要選擇天然無添加的身體清潔用品，才可以減少對於敏感性皮膚的刺激，不過這只是對清潔用品的基本要求。

更深入探究後會發現，全身包括頭皮、頭髮、臉部、身體到私密部位等身體所有部位，須要在意的清潔需求都不一樣，主因是肌膚的組成不同。像是以頭髮來說，分子層面上主要成分是「角蛋白纖維與黑色素」，而身體肌膚組成則以「角質」為主，需要的清潔與保護方式就會不一樣。以頭髮來說，須要同時清潔與提供養分，讓頭皮、秀髮都可以保持健康與活力。

這就是為什麼在一次沐浴過程中，須要選擇不同清潔劑來滿足全身不同部位的清潔保養需求。不過，在挑選清潔用品時，面對市面上琳瑯滿目的品牌與訴求，讀者不要迷失在價格、香味與漂亮的包裝上，還是該以成分配方天然、安全為選擇重點，溫和親膚與保濕抗菌則是關注要點。我們可以從瓶身上的產品原料標示，找到適合自己的清潔用品，這樣的素養是每一個人都須要學習培養的。找到一瓶適合自己的清潔用品後，往後洗手台、浴室間裡，就不會再擺放一堆瓶瓶罐罐了。

值得注意的是清潔劑成分中，對環境友善、可迅速分解、不會造成汙染的認證標準ECOCERT。該標章來自歐盟法國 ECOCERT 天然及有機產品認證機構。近年，環保意識抬頭，部分清潔劑廠商也開始遵循 ECOCERT 規範，使用 ECOCERT 認證原料，甚至爭取到ECOCERT 成品認證，為大眾創造更安全、對環境更友善的產品。

雖然成本較為提升，但是筆者經營的木酢達人早在研發初期，就考慮到包括人身與毛孩子肌膚清潔與環境分解的安全性。木酢達人所有肌膚洗劑，全部使用 ECOCERT 環保起泡劑製成。除了起泡劑，我們十年來絕不使用色素及化學香精等其他對人體有害或疑慮的物質添加物。這是我們團隊堅守的態度，同時也符合了 ECOCERT 強調的精神。

五個步驟，舒緩皮膚的不適感

筆者在此要分享蒸餾木酢使用於肌膚的時機與方式，特別是包括因換季、變天所引起的小腿、四肢關節、皮膚乾癢及足底龜裂等不適狀況，用對天然的蒸餾木酢液，對肌膚有非常好的溫潤舒緩效果！

換季肌膚的保養，請按以下步驟進行：

第一步

清潔肌膚 軟化角質

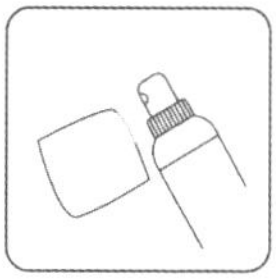

將蒸餾木酢液潤濕化妝棉

＊亦可用紗布巾、純水濕紙巾等物品替代

濕敷乾燥部位約三至五分鐘。濕敷後可輕輕擦拭肌膚，帶走老廢角質。

第二步

滋潤肌膚 形成保護

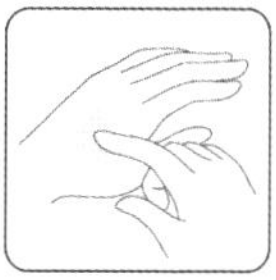

將保濕產品薄塗於肌膚。

清爽 ↓ 滋潤

- 凝露：蘆薈保濕，冰鎮可後舒緩曬後肌膚。
- 乳液：清爽潤膚，四季可用、不挑膚質。
- 乳霜：添加多種植物油脂，滋潤肌膚，形成保護膜。
- 修護霜：草本成分，建議局部使用，舒緩肌膚。

塗抹保濕產品，建議不超過兩種
避免過於厚重，肌膚無法吸收

步驟一：蒸餾木酢液，濕敷可清潔肌膚、軟化角質

台灣由春轉夏，或由秋轉冬之際，氣候溫濕乾冷變化極大，皮膚很容易因油脂、水分不足，產生不同的皮膚過敏及各種紅腫癢症狀。此外，春天的陽光增強、花粉塵蟎多，若加上空氣品質不佳，就會讓皮膚更敏感，甚至出現過敏、紅疹。還有，不當的保養習慣，也可能誘發皮膚過敏症狀。此外，隨著年紀增長，皮膚自我保護能力下降，乾燥及敏感現象也可能加重。

我們須要關心的肌膚保養就是在換季過程，如何善用天然的蒸餾木酢液來做好肌膚清潔工作。像是面對夏季炎熱潮濕的氣候時，大小朋友流汗量都會比往常來得更多，如果使用過多石化清潔用品，不只會過分清潔肌膚、使肌膚變得乾燥，乾性、敏感性皮膚的朋友也不適合太頻繁搓洗，這時候就可以使用蒸餾木酢液來幫助肌膚清潔。木酢液來自樹木萃取，經過蒸餾後，可以放心使用於肌膚上。筆者推廣了多年，許多使用者也有回饋，用蒸餾木酢液輕拍、擦拭肌膚會感到清爽舒服，還可以一併帶走外出玩耍時肌膚沾染到的一些汙垢與細菌，並能減少石化清潔的使用頻率，真的是非常好的清潔用品。

足浴 泡澡
木醋酸能軟化
皮膚角質層
且有緊縮效果
用於足浴及泡澡
能促進肌膚健康

該怎麼使用天然木酢液呢？可以將木酢液倒入溫開水裡，然後將毛巾沾至微濕，再以濕毛巾輕輕覆蓋肌膚約數秒後擦拭肌膚表面。如果在室外，可以先將毛巾沾濕後噴上蒸餾木酢液五至八下，一樣濕敷輕拍擦拭，即可降低與肌膚的摩擦，並且能溫和帶走髒汙，讓肌膚零負擔。

用蒸餾木酢液泡澡、足浴、清潔肌膚

蒸餾木酢液除了可作為一般日常肌膚清潔外，喜歡足浴或泡澡的讀者，也可以試試看將蒸餾木酢液用於浴缸、浴盆，搭配溫熱水，就可以來一場與森林芬多精共浴的頂級享受！

1：加入蒸餾木酢液（約三〇ml左右）

2：注入溫水，水溫略高於人體即可。

3：浸泡十五分鐘，可以按摩肌膚，並記得補充水分！

肌膚好清爽

流汗後或肌膚黏膩時
立刻用木酢液噴五至八下在濕毛巾上
然後擦擦身體肌膚
讓肌膚感受到乾爽舒服

蒸餾木酢液擦拭肌膚，感受自然魅力的方法

1：噴灑在濕毛巾上（約五至八下）
2：輕輕擦拭肌膚，可重複此動作至全身肌膚
3：擦拭易出汗的後頸處與腋下
4：立即有效感受清爽並分解汗水異味

搭配手帕、小毛巾成為外出好幫手

孩子喜歡跑動，沾染汙垢、滿身大汗時，將攜帶的毛巾沾濕，噴上蒸餾木酢原液五至八下，輕敷擦拭身體肌膚，立即就能讓孩子肌膚感受到乾爽舒服，達到清潔、抗菌、消臭、去汙的效果。

蒸餾木酢液對肌膚的好處多多

這裡要特別提到蒸餾木酢液對肌膚的好處。現今敏感性肌膚的人越來越多，包括了異位性皮膚炎，皮膚局部會乾癢、有皮屑、粗糙的朋友，都可以善用蒸餾木酢液來幫助肌膚保養，並配合正確用藥舒緩，讓肌膚恢復健康。

蒸餾木酢液除了可提供肌膚清潔抗菌的用途，蒸餾木酢製作的洗衣精更是效果驚人！尤其針對運動或體味較重的衣物特別顯著。衣物的汗臭味只要用添加蒸餾木酢液的洗衣精，就能有效中和流汗所產生的異味。此外，貼身衣物、小孩的布尿布，只要簡單浸泡三十分鐘，之後再搓洗，就能徹底消除衣物上的異味，讓洗完的衣物變得清爽，曬後聞起來能真正感受到「自然的太陽氣味」。

「木酢原液」讓我的皮膚在悶熱的夏天不再覺得悶濕、發癢！尤其夏天帶小孩很容易流汗，造成身體影響心理的不適，噴上木酢原液後，有種清爽的感覺，頓時降溫解悶很多呢！木酢原液是我的密友好幫手唷！

新北　涂小姐

夏天頭皮莫名的容易發癢，剛洗完頭也不見緩解，幸好問了也是木酢同好的朋友，可在洗頭後噴灑「木酢液」於頭皮上，並稍加按摩再吹乾。使用第一天立刻有感！「木酢液」的好用之處不只如此，外出時，孩子玩得滿身汗，抽出濕紙巾噴上「木酢液」擦擦流汗的地方，除了比較清爽外，也比較不容易長痱子呢！

台中　吳小姐

步驟二：有機蘆薈凝露，高度保濕、舒緩肌膚

「蘆薈」溫和且保濕效果非常好，適合用來照護換季、曬後肌膚與乾燥肌膚、舒緩紅癢與滋潤肌膚。

敏感肌膚的朋友常常為了清潔與保養問題傷透腦筋，很多人以為是清潔不夠，但實則相反，有時候敏感性肌膚的朋友都是因過度清潔而產生了副作用，例如餐飲服務業、護理人員因為常接觸病患與物品而須要不斷清潔、經常性須要碰水。從事這些工作的朋友，手部肌膚的損傷已經是一種職業傷害，除了長期看診用藥，也務必要從日常的清潔用品與保養用品來著手改善。

有肌膚困擾的朋友，在選用清潔用品時必須更加謹慎，千萬不要以花俏功能、香氛特色作為「選品重點」，而是要選擇嚴謹、安全、保存方式天然或以食品級材料作為配方的清潔用品，最少做到在每一次的清潔上，減少對肌膚的傷害。

保養上，除了定時定量使用醫院開的乳膏藥品做治療，如果肌膚還是有些不舒服，我們可以利用天然的素材來作為輔助。例如無添加的「蘆薈」保養品，它具有天然保濕與舒緩肌膚效果，很值得我們期待。尤其是乾燥肌膚、日曬後肌膚或皮膚較為乾燥者可以使用。

蘆薈具有舒緩、保濕的效果，無添加的蘆薈凝露較一般乳液、乳霜來說，對肌膚負擔較小，也適合各種年齡層使用。特別是銀髮族長輩們的雙腳如有乾燥不適問題，也都可以使用。

只不過，全世界蘆薈有三百多種品種，只有六種具有可食性。而且蘆薈表皮中其中一種成分「蘆薈苷」帶有毒性，如果不小心食用到會引起腸道刺激，造成嚴重腹瀉，所以讀者要選擇有合格認證與生產來源的蘆薈凝露來使用，千萬不可亂用戶外自然生長的蘆薈！

正確做法應該是在看診時，就將清潔用品與保養品帶給醫生確認，並使用醫生建議的藥物治療，還要有正確的清潔習慣，保養品只能列為輔助用品。此外，要開始使用任何保養用品前，可先於局部肌膚小範圍測試，觀察肌膚狀態，如果有不適感，要立即沖洗並停止使用。反之，如果用了蘆薈或其他天然保養品有好轉，也不能因此中斷用藥。因為如果肌膚有傷口，依舊有感染的風險。

步驟三：天然乳液、乳霜－形成肌膚保護屏障

我們可以透過天然的油脂來增加肌膚表面的保護力，好的天然油脂如沙棘油、苦茶油等，可以輕拍在已經完成清潔與保濕的肌膚表面，有助肌膚形成一層保護膜。當然也可以使用無添加的乳液、乳膏、乳霜等不同質地的霜體來塗抹於肌膚上，增加肌膚保護力。

家裡孩子的皮膚不好，多次使用木酢產品後，我把家裡的保養品都換了。把木酢的凝露拿來擦在孩子的臉上也完全不用擔心，還有一個好處是，我的保養品可以和孩子們共用，天然沒什麼多餘的負擔。現在聞到市售保養品的香味反而會覺得不習慣。

台中　黃小姐

不過，「直接用油來保養肌膚不會太油嗎？」答案是：「不會」。筆者試用過「沙棘油」，用少許並輕拍於臉部時，可以發現非常清爽、快速吸收、不黏膩、好推又沒有厚重感，真的是值得推薦大家使用的天然保養用品！

如果詳細了解沙棘油的故事，就知道沙棘油富含百種以上的營養素，包括維生素、類黃酮、番茄紅素、類胡蘿蔔素、植物固醇和多種脂肪酸，具有豐富的營養及醫療價值，又被稱為神奇果實或超級食物。它內含豐富營養價值與低油酸，非常適合用於肌膚保養，特別是針對舒緩過敏肌紅腫癢的不適感，在防止肌膚粗糙、護唇與改善冬季小腿乾癢上也有明顯效用，有機會一定要試試看這個神奇的「沙棘油」。

當然也可以選擇一款好的乳霜製品來做保護肌膚的屏障，但關鍵是，成分一定要很單純，無添加最重要！另外，好的乳霜也會添加許多很好的油脂作為輔助效果，例如乳油木果油、酪梨油、沙棘油等，讓肌膚能得到更好的保護。

反觀市面上的乳霜，大多都有添加合成的乳化劑，或使質地變濃稠的蠟質或潤膚成分，使用這樣的乳霜，會讓人覺得肌膚不透氣、黏膩不舒服。實際上，一款好的乳霜應該是好抹好推，像水一樣讓肌膚非常好吸收，只需要少量就可以得到高度保濕的肌膚滋潤感。

特別須要注意的是，好的油質、乳霜在使用後不會過於黏膩。會有黏膩感有可能是反映出皮膚吸收不好的情況，這樣的油質與乳霜產品有可能會阻塞毛孔與沾黏到細菌，易導致形成粉刺與毛囊炎的發生。所以敏感肌膚的人在試用各種保養油質或乳霜時，對質地要特別多加注意。

步驟四：草本外用霜，局部加強修護

天然草本外用霜是市場非常受歡迎的用品。原因是天然草本精油與植物乳霜結合，方便隨身攜帶，被蚊蟲咬傷、局部紅癢時，是一個非常好用的照護用品。

一般來說，天然草本外用霜採用的是複方草本精油與親膚性佳的乳霜作為主要成分。讀者可以仔細研究各種草本乳霜的精油成分與效用，通常搭配霜體使用起來氣味也非常宜人，只須塗抹薄薄一層，就能有良好肌膚舒緩與阻隔效果，適合讓孩童攜帶上學、成人攜帶上班，可隨時使用，非常方便，難怪是市場上非常受到歡迎的一種保養用品。

我自小就是過敏性肌膚，天氣的變化常常讓我肌膚騷癢。「木酢的凝露產品加上木酢的乳霜」讓我原本過敏皮膚的騷癢改善了許多，現在的皮膚變得滋潤光滑，非常舒適，讚讚讚。

高雄　彭小姐

我真的很喜歡沙棘油，用途超廣，除了當護唇膏，臉部細紋都靠它，是我追劇的好夥伴。眼下的黑眼圈、眼周的小細紋、法令紋、嘴角的深紋等都可用滾珠瓶滾來滾去。手部乾燥有點癢時塗一下、保護一下；被蚊子叮也點一下。護唇的放包包，臉部的放公司桌上、家裡桌上伸手可得之處，已經用快十瓶了吧！

宜蘭　周小姐

步驟五：抗菌噴霧搭配吸塵器，有效清潔寢具

除了肌膚的保養與照顧，寢具、床鋪與枕頭等經常會接觸肌膚的棉製品，是否有細菌布滿其上？拍打棉被時，是否會覺得眼睛很癢想揉呢？讀者們都該正視這部分的清潔工作，因為誘發過敏與肌膚不適的原因，可能就是來自床單、棉被上這些看不見的微生物。

那該如何清潔呢？筆者建議，固定一週使用一次抗菌噴霧並搭配吸塵器。市售含有植物酒精成分的抗菌噴霧用品，可方便噴灑、乾燥並完成殺菌抑菌，再搭配吸塵器吸附表面一次，就能讓床鋪、棉被、枕頭都能簡單保持乾淨清爽，減少因為微生

我常使用的是乳膏。乳膏質地很清爽，擦在臉上也不會有負擔，有泛紅或搔癢情形時，擦上後就舒緩許多，即使在孕期或是給小寶寶用也不會有負擔，真的超棒的！

湖口　邱小姐

寢具、床舖、枕頭需定期清潔保持乾淨清爽

物導致過敏的發生頻率。

筆者所擬定的清潔保濕、照顧抗菌流程，雖不能取代藥品，但卻可以在日常生活中，以預防醫學的概念，減少肌膚過敏的機率，並增加肌膚的抵抗力與保護力。只要懂得善用這些方法，就已經在朝著「學習自然與善用天然力」的方向前進。筆者相信，一定能夠改善與幫助敏感肌膚的人逐漸找回正常生活的節奏：

1. 面對環境傷害，善用天然適度清潔肌膚。
2. 透過保濕與建立屏障，有效保護肌膚。
3. 養成清潔好習慣，預防醫學有助照護好肌膚。

我本身有過敏鼻炎，換季、更換床單或被單甚至住外面，一定都會過敏，嚴重的時候，連行程都沒辦法好好走完，所以我生活中最需要的就是防蟎抗菌噴劑。不論哪種情境，使用噴劑之後，都能夠正常生活！超棒。

台中　俞小姐

無論玩具、安全座椅、枕頭棉被、眼鏡，只要使用防蟎抗菌都有一種安心的感覺，效果也真的很棒。家人前陣子睡覺都會耳朵癢，使用很多東西都沒效，強力推薦防蟎抗菌，使用後真的不再耳朵癢了。我自己很愛旅行，近年出國旅行或環島旅行，只要在外面過夜，這瓶也絕對不會忘記，是居家出遊的必備良品。

新竹　范小姐

用自然的溫度、安心的微笑，陪伴你度過每一天

CHAPTER

4

居家清潔

守護居家環境

我們其實不需要這麼多石化用品

家庭清潔非常簡單

洗淨 抗菌 濕度控制 天然素材

家中藏有異味的角落

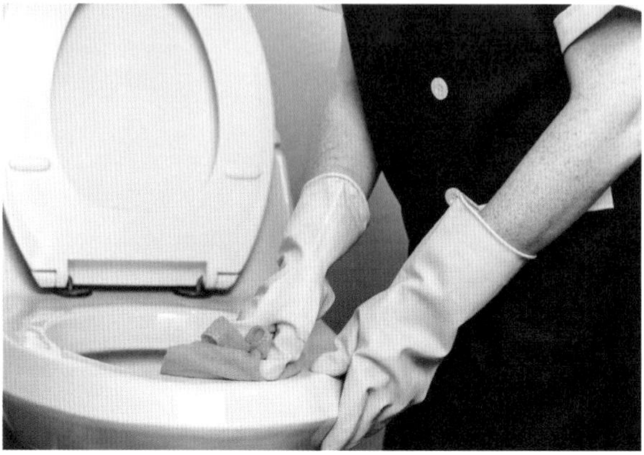

清潔家中浴室一定要戴上橡膠手套嗎？

家裡最有「異味」的角落，也最困擾清潔者的焦點之一，就是浴室裡的馬桶。馬桶其實是家中最讓人關注的清潔重點，因為可能有黃垢、異味的問題。浴廁清潔用品往往都帶有強烈的香味或是腐蝕性，一般也能看見很多學校、公共廁所甚至家庭主婦使用稀釋過的鹽酸清潔廁所。若是尚未沖洗掉鹽酸之前，再使用漂白水消毒，就會不小心造成漂白水與鹽酸混合，產生氯氣，一旦吸入過多，就會導致出現胸悶、喘、頭暈、想吐的症狀。使用類似的清潔劑時須特別小心，切勿混合使用，且一定要戴上橡膠手套、口罩，切勿直接接觸這些高腐蝕性的清潔劑，因為嚴重時，可能會導致手指肌膚組織壞死，要花很長時間來治療，才能恢復肌膚的健康。

除了減少使用這一類清潔劑，既有的清潔劑擺放位置也很重要。家中如有小朋友，請記得一定要收好清潔劑，並做好家庭衛生教育，避免小朋友在家誤用清潔劑，導致吸入性傷害或接觸性傷害。家中如有飼養毛孩，也一樣要注意清潔劑的使用與放置位置，避免發生讓毛孩子誤食中毒的憾事。

事實上，清潔馬桶並不須要使用這麼高風險的清潔劑。我們在一開始提到，樹木經過高溫悶燒後，可以提煉出植物萃取液木酢液。這個天然植物的芬多精具有強大的消臭與去除汙垢效果。一般來說，只要將木酢液噴灑於浴室的空氣中，與氣味物質接觸後，就會產生除臭反應，使氣味物質變為安定的無臭物質，進而除去排泄物、排水溝等異味。將木酢液噴於馬桶內也可以去除汙垢。排泄物中的「氨」（Ammonia），只要一碰到木酢液，因鹼性臭氣與酸的中和反應，立即會使其變為無臭的物質。

筆者針對木酢液的這個特點，特別研發了「木酢達人浴廁清潔劑」，全成分為淨水、蒸餾木酢液、椰油醯胺丙基甜菜鹼、癸基葡萄糖苷、酒精（糖蜜發酵）、精油（甜橙、冬青）、檸檬酸。以純粹的木酢液為主，以植物起泡劑加上複方植物精油去做搭配，完全沒有刺激性或腐蝕性的石化物質，輕輕鬆鬆就可以完全分解異味，洗淨浴室馬桶。

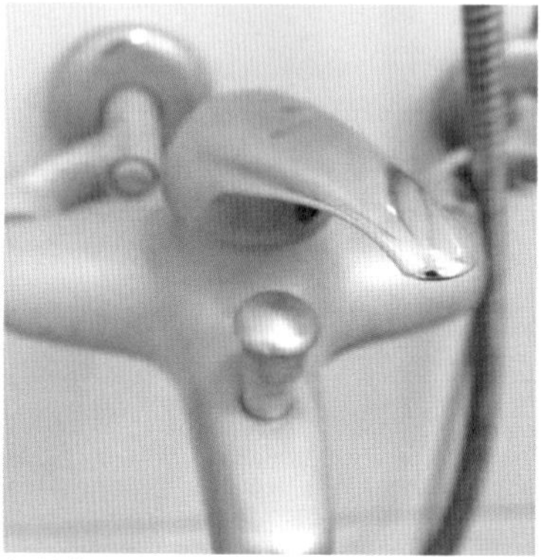
打掃前

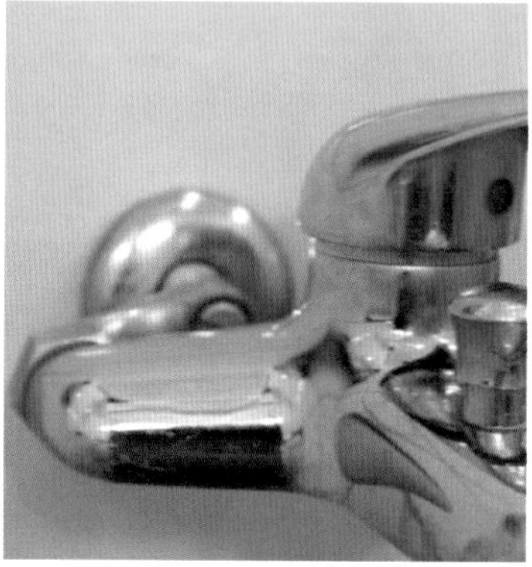
打掃後

木酢液含豐富的植物酸，針對乾濕分離的玻璃、鏡面、水龍頭上的水垢、磁磚髒汙油垢、縫縫易發霉的位置，在每次沐浴後透過簡單噴、擦、刷、洗就可以維持乾淨，而且不須要帶上口罩手套，就可以達到去垢抗菌的優異效果！

最令人開心的是，所使用的木酢液都是運用新竹當地的天然樹木回收萃取，完全的回收環保且循環再利用，一方面幫助了林木再利用，又有助解決大眾清潔上面臨的困擾，實是一個附加價值極高的好產品！重點是，家長們也不用擔心是否該把這瓶浴廁清潔藏起來，因為它足夠安全。全家大小經過教育後，都可以放心使用！

木酢真的改變了我的生活，爸爸在浴室用了我放的浴廁清潔刷洗廁所後驚訝的說：「妳買這什麼這麼好用哇，輕輕一刷霉就刷掉了！而且不會產生刺激氣味，與市售合成清潔劑相比，是完全不同的天然清潔用品。」效果非常良好。

新竹　范小姐

我第一次聞到木酢的味道時，就覺得這個味道好好聞喔！於是我開始上網尋找木酢，開始了木酢之旅。我好喜歡這個味道。

印象深刻的是我在懷孕的時候，聞到一般清潔劑的氣味就讓我想吐，我又有潔癖，但用了木酢的浴室清潔就能放鬆清潔浴室，清潔得乾淨溜溜。真是木酢救了我！

高雄　王小姐

鹽酸+漂白水，不等於清潔效果加倍!!

日前，某國中發生學生集體氯氣中毒事件，起因是學生們開學返校後，使用含有鹽酸的浴廁清潔劑大掃除，加上為了預防新流感，學校也備有漂白水，以方便進行消毒工作。由於學生們不知危險，為了將廁所徹底打掃乾淨，竟把浴廁清潔劑混入漂白水中。清潔劑中的主成分是「稀釋酸」，當鹽酸一碰到漂白水，即產生激烈的化學反應，冒出濃濃的白煙，學生被嗆的受不了，紛紛逃出廁所，但已有多人氯氣中毒，眼睛不斷流淚、咳嗆不停，甚至有人出現胸悶、喘不過氣的反應，被集體緊急送往雙和醫院急診室就診。

貼心使用的小設計

現在的產品不僅要求內容物符合規定，更是要求品質好上再好。但是龜毛的設計師，總是在想方設法讓產品使用起來更便利！

例如，市面上幾乎每一家產品的塑膠噴頭都一樣，使用起來總是覺得卡卡的不順，因此，我們心中一直想著有沒有更好的容器呢？終於有一天，皇天不負苦心人，這個完美的塑膠噴頭就出現在我們面前。

這是一個百分百可回收、原裝進口全塑膠噴槍頭。貼心設計很為使用者設想，不但按壓的時候會產生完全不同的輕鬆感，還得到歐美兒童安全使用認證，噴灑出的量又很適中，綜合考量下，雖然成本很高，當下還是決定立即更換，以期讓使用者用起來更便利，地球更乾淨。

想像不到！異味竟來自廁所排水孔

筆者曾經於地方國中小推動廁所清潔教育，教導學生該如何正確清潔校園中的小便斗與馬桶。過程中，筆者以正確的清潔配件，搭配天然的木酢浴廁清潔劑刷洗小便斗與馬桶，這才發現，一陣一陣濃濃惡臭的真正來源，竟然是廁所地面上的排水孔管路！一路追溯才發現，原來學生都將小便斗與馬桶汙水通通刷洗至排水孔內，最終讓排水管路卡滿了尿垢，也難怪小便斗、馬桶再怎麼清掃，廁所裡都還是這麼臭！

正確的清潔方式應該是縮減影響範圍，在馬桶、小便斗就完成分解異味、清潔乾淨。不要將汙水溢出至地面，這樣反而會讓排泄物擴散出來，要刷洗的範圍反而更大，而且最終都會卡在排水管路裡，完全清潔不到，那股惡臭就永遠卡在廁所裡了。

你最關心的問題：

問：請問市面上浴廁清潔用品最令人擔心的是什麼？

答：市面上關於浴廁清潔用品通常採用含「氯」很高的成分來製作。主要原因是希望去除自來水中的鐵質，以免造成瓷磚上的黃垢，或是排泄後所產生的尿垢，以及清潔肌膚後所殘留下的蛋白質。「氯」對於清潔者的呼吸道、肌膚有一定的刺激，故在清潔時，必須佩戴口罩、手套，當然還必須儘量不碰觸到身體的肌膚。剛沐浴完時不太適用此類清潔劑，不然很容易在清潔過程中，傷害自己的肌膚與健康。長年累月下來，將慢慢累積並引發肌膚不適或誘發相關過敏狀況。

問：可以讓小朋友使用木酢液製成的浴廁清潔嗎？

答：筆者所監製研發的木酢浴廁清潔不含氯系成分與其他刺激性物質，是透過天然木酢液來分解蛋白質，以天然起泡成分去除黃垢及尿垢、異味，在安全性上，尤其可以放心。特別是當孩子單獨在浴廁，不用擔心他因好奇心誤用清潔劑而可能造成傷害。未來，也可以放心讓小朋友代為打掃浴廁與清洗馬桶。

問：天然清潔劑的效果會不如含氯系清潔劑嗎？

答：不會的。目測去黃垢的去除效果，似乎是含氯系的產品會立即分解達到潔白效果，但事實上，只要養成正確清潔的習慣，使用天然木酢浴廁清潔劑根本就不會有出現黃垢的機會。因為木酢本身就具有抗菌力，只須每二至三天噴刷一次，養成清潔習慣後，自然就不需要仰賴高腐蝕性與危險性的含氯系清潔劑。只要做到這一點，家裡就不會出現危險的清潔劑了。

愛咬人的可惡蚊子

讓人討厭的蚊蟲無處不在，稍一不留心，就會被叮得滿腳「紅豆冰」，尤其是小朋友們，不管是在家中或戶外，都讓人非常困擾。除此之外，我們還要擔心像是登革熱、日本腦炎和茲卡病毒等都可能透過蚊蟲叮咬傳播，想選用一瓶防蚊液，但是市面產品那麼多，到底該如何選取呢？此外，天然防蚊液有效嗎？防曬乳和防蚊液可以混合使用嗎？這些疑問，讓筆者在這個章節跟您好好分享吧！

首先，我們一樣要先瞭解這隻小小敵人的習性，才能抽絲剝繭，找到預防牠的機制。透過專家研究發現，**蚊子選擇叮咬的對象多是體溫高、皮膚表面菌分泌的氣味濃度高、二氧化碳排出量等較高者。此外，在早晨八點至十點與午後兩點至四點間，為蚊蟲叮咬人的高峰時段，**所以我們可以針對這些關鍵因素來分析、設計防蚊用品──具有讓肌膚表面降溫並有清潔效果以減少氣味，以及添加植物芬多精來產生忌避氣味。若是依照這樣對應設計，是否就可以生產出一瓶完美的天然防蚊液呢？

事實上，目前市面上所販售的防蚊產品成分皆以此作為設計準則，並以藥用與天然

孩子使用防蚊液請特別注意防蚊液配方濃度與產品警語

精油作為主要配方來分類。以下先來談談含藥性的敵避、待乙妥、派卡瑞丁。包括含藥性的敵避DEET、待乙妥Diethyltoluamide，只要通過衛生福利部《藥事法》申請檢核後，含有DEET與Diethyltoluamide的「人用藥化學防蚊液」，就可直接塗抹、噴灑於人體肌膚。不過請注意，若是接觸濃度過高，可能出現皮膚過敏症狀、眼睛刺痛、噁心嘔吐、頭暈等症狀，請特別注意用量與使用部位。

如要噴灑於紗窗、紗門或帳篷防止蚊蟲進入室內的防蚊液，則可以使用由「環保署」檢核，含有效成分「敵避DEET的環境衛生用藥」產品。目前這類產品因為濃度與配方只適用於環境，為保障消費者安全，環保署要求此類產品標示須加註「本產品不可噴灑於皮膚或衣物上」等文字，故讀者可以特別查看瓶身標示來做區分。

說完了藥用配方，接著來分享一下天然精油類的防蚊液。檸檬桉（尤加利樹精油）Oil of Lemon Eucalyptus（OLE）及茶樹油 melaleuca oil 是最常見的精油類防蚊配方。檸檬桉中有驅蚊作用的成分為 p-menthane 3,8-diol（PMD）。在研究報告中顯示，檸檬桉跟低劑量的 DEET 有著相當的效果，所以用於防蚊的效果非常好！不過因為是天然的萃取物，就須經常補噴來維持防蚊效果。此外，美國 CDC 仍特別建議：三歲以下幼兒不能使用高濃度的檸檬桉精油，所以讀者如果有小朋友，須特別注意配方濃度與產品警語。

這些天然精油與萃取液的防蚊機制到底是什麼呢？前面一開始提到，專家研究，包括體溫、體味、呼氣較多的人會吸引蚊子叮咬。所以相較含藥性的產品，老一輩都用像是台灣傳統的樟腦油、香茅油、木酢液等老字號天然防蚊液配方的防蚊液來塗抹肌膚做防蚊，主要就是運用「天然氣味去忌避蚊蟲」的機制。不過通常只能維持二十到三十分鐘，須重複補擦才能維持效果。其他複方精油包括尤加利、天竺葵、白千層、迷迭香、薄荷、薰衣草，這些精油對人體肌膚相對溫和，不過防治效果的好壞則因人而異。

但其實這些天然精油與萃取液對於防蚊並不是單一作用，像是蒸餾木酢液本身噴在肌膚上除了可以藉由氣味忌避蚊蟲，還有助肌膚表面降溫、清潔、消除汗臭，依據研究顯示，這些特點都能幫助提升防蚊效果！難怪許多鄉間、山林工作者都大讚「木酢液防蚊」效果

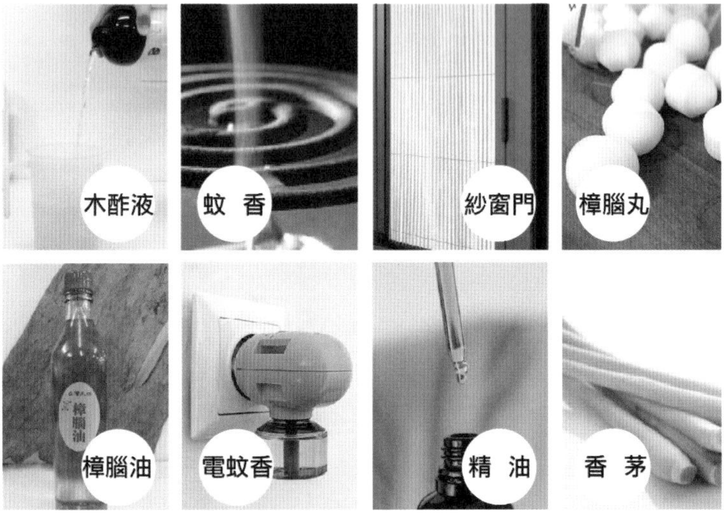

很好，看來，噴灑與擦拭用法的不同確能帶來些不一樣的效果。

不過，包括木酢液在內的許多天然萃取液，都無法滿足持續數個鐘頭的長效防治，所以結合有效的數種複方精油來搭配以延長防護時間，就成了天然防蚊液產品的唯一方法。其中經實驗發現，特別加入了前述的「檸檬桉精油」後，不只是蚊子，連對螞蟻、蟑螂等小型節肢類動物都有忌避驅趕效果。筆者建議，若有使用「檸檬桉精油」的防蚊產品，三歲以下幼兒用於推車或鞋、衣物等物品上，進行氣味忌避驅蚊即可，不須要直接噴在身體上。因為小嬰兒的肌膚較敏感，直接噴在肌膚上易對精油產生過敏或刺激反應。

總結居家安全的防蚊工作，宜優先採用物理性防護，例如安裝紗窗、紗門效果最好。此外，含藥的防蚊產品皆須經過「環保署」與「衛福部」的核查，以確保濃度不會對肌膚造成刺激。讀者在購買產品時，一定要詳細閱讀產品上的標籤，防蚊產品如果標示「環境衛生用藥」，就只能噴灑於居家環境，與不直接接觸皮膚的衣物上、紗窗上，千萬不能直接噴灑或塗抹在皮膚上。如果是「衛福部核准藥品」，產品上可見標示「許可證字號」，則可以噴灑塗抹在皮膚上。如果用錯了，就有可能使用過高的濃度於肌膚上，造成防蚊效果不佳，或是對人體產生一些副作用。

至於該怎麼選擇含藥性還是天然防蚊液呢？綜合以上的討論，筆者建議選擇防蚊液時，應該以「欲前往之地點現況來做選擇」。例如若因為出差、旅遊而要到東南亞一趟，又正逢當地爆發嚴重的出血型登革熱疫情，就不建議選擇天然植物配方的防蚊用品，而要選擇含藥的防蚊藥品，並搭配物理性長袖長褲來做防護。反之，如果只是在家附近活動或是預防性的睡前防蚊需要，則建議選擇天然配方製成的防蚊液來做防護。同時補充一點，如果同時需要使用防曬乳，可以先在肌膚上塗抹防曬乳，再噴上防蚊液，不要混合塗抹，因為容易產生不均勻，導致效果受到影響。

最後，在台灣山區常見的小金剛、小黑蚊其實不是蚊子，牠正式的名稱是「台灣鋏蠓」（Forcipomyia taiwana），屬於「蠓科」，是一種吸血昆蟲。筆者將回收林木製成的蒸餾木酢液結合小昆蟲都害怕的檸檬桉精油製成「天然小黑蚊防蚊液」，以及第三方實驗，經過數年的配方測試、努力，終於完成小黑蚊、斑蚊的人體測試，能確實達到四小時百分百的防治效果。對許多喜愛親近大自然又害怕蚊蟲的大小朋友來說，實是一大福音，也為居家防蚊帶來新的天然解方！

我從小就怕蚊子，以前夏天出遊，用過最有效的都是便宜又香香的化學防蚊液，但自己身體出了一些狀況後，開始很注意自己和家人使用的東西。

小黑蚊防蚊液是我近年最熱愛的產品，天然、安全、有效，我一年四季都隨身攜帶，家中客廳、大門口、露台，處處可見防蚊液的蹤影，一出家門，真不能沒有小黑蚊防蚊液。防蚊液讓我收服了很多鐵齒的「大男人」，舉凡朋友的老公、同學的姑丈，還有最鐵齒的老爸本來不肯使用，後來都一試成主顧。

新竹　范小姐

實用生活知識：

專家發現，下面五種人最容易被咬，你是哪一種呢？

體溫高、呼出較多二氧化碳的人

蚊子對溫度特別敏感，如果呼吸時放出較多二氧化碳，特別是在運動後、喘氣時，身體散熱快、呼出更多二氧化碳，就最容易被蚊子叮咬。由此可知，為何愛跑動的小寶寶們會這麼受到蚊子們的青睞了！

有體味的人

由於體質、飲食、細菌叢等原因，每個人皮膚表面的化學物質組成不同，例如常流汗的人，皮膚帶有酸味，會更容易吸引蚊子。而剛出生的小寶寶，因為身上帶著淡淡的奶香味，除了爸爸媽媽超愛聞，可惡的蚊子們也超愛，也難怪小寶寶常被叮咬！

化妝品或髮膠的氣味

化妝品中的硬脂酸會殘留在身體表面而吸引蚊子。不只如此，髮膠與過濃的香水氣味，也會吸引蜜蜂靠近甚至攻擊，請讀者至戶外時特別留意。

穿深色衣服的人

蚊子的習性是討厭光線，因此特別喜歡黑色、深色衣物，所以夏天不妨選擇穿白色或淺色衣物，以減少蚊蟲叮咬。

孕婦

醫學研究證實，孕婦被蚊子叮咬的比例比一般女性高一倍。這是因為蚊蟲最喜歡孕婦所呼出的氣體，而且孕婦的體溫較高，皮膚表面的化學物質較多，種種原因都造成蚊蟲愛叮咬孕婦。

驅趕蟑螂的天然木酢丸

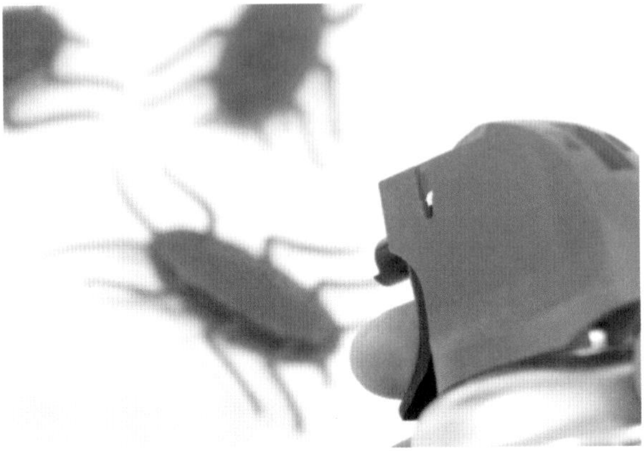

居家清掃的重點，包括看得見的汙垢與看不見的細菌，當然還有蚊子跟可怕的蟑螂會常跑出來客串嚇人，真是讓人非常崩潰！到底該怎麼杜絕呢？

普遍對付蟑螂的方式，是選擇「環保署核准環境用藥」的圍殺蟑誘餌藥物，可放置在櫥櫃內、陰暗潮濕處以及烹煮電器的四周。但這個方法有藥物揮發性殘留於餐盤上的疑慮，可能導致誤食與呼吸道吸入的風險。又或是可以在家中放置殺蟑噴霧、凝膠等藥劑毒殺蟑螂，但是這也容易被孩子取出誤用。筆者曾聽過小孩子因為跌傷，想從抽屜中找出許久未用的藥膏來擦拭，卻拿出了蟑螂藥塗抹在傷口上的案例。這真是家中的安全風險，大家必須謹慎！所以要確實擦拭乾淨並收好這些用品，以免家中學齡前兒童誤食。

要解決蟑螂的侵擾，如同對付蚊子一樣，一定要先瞭解蟑螂的習性，才能確實有效打擊害蟲。

蟑螂喜歡溫暖潮濕，具群聚性、夜行性及趨觸性（接觸物品活動，如沿牆、櫥櫃之空隙裂縫的特性）。牠們夜出覓食，白天則藏匿於各處縫隙中。因具有趨觸性，棲息時，多隱身於牆、櫥櫃、抽屜、傢俱的空隙裂縫內。蟑螂在取食過程中經常因其糞粒、排泄物、臭腺分泌物及取食回流液汙染食品、餐具、衣物，嚴重影響居家衛生，其獨特的味道更令人不舒服。另外，蟑螂為過敏原（allergen）攜帶者，對體質敏感的人而言，吸入帶有過敏原的蟑螂屍體碎片時，會產生過敏反應。同時，蟑螂身體常攜帶病原菌，間接影響人類健康，因此成為重要的公共衛生害蟲，值得大家注意防範。

專業病蟲害專家給了防治蟑螂的「三不策略」，即「不給住、不給吃、不給水」。應隨時保持室內清潔，所有食物應妥為收藏，垃圾、廚餘要妥善處理，垃圾桶加蓋，使蟑螂沒有取食的機會。廚房、廁所、流理台要保持清潔，避免積水，抹布、毛巾用後要洗淨晾乾，保持室內的乾燥，以減少蟑螂生存繁殖必要水分的條件。此外，住家內外避免堆積舊報紙、紙箱雜物；牆壁、地板、傢俱的縫隙，可用矽膠乾燥劑填補，以減少蟑螂藏匿之處。

防治蟑螂的天然好方法

除了可從環境與藥物著手，自然界也有驅趕蟑螂的方法！我們可以借鏡有機農場的驅蟲法。「木酢丸」源自日本有機農場裡不使用藥物且不破壞生態的需求而來，特別將「木酢液與天然木屑」結合，壓成或圓或方的形狀。它的特點是依靠氣味產生忌避作用，達到驅趕害蟲的效果。在室外農場可持續擺放數月，隨著陽光與空氣、水會慢慢分解回到土壤裡，不造成任何環境傷害。將木酢丸從戶外改於家中使用，放置在蟑螂喜歡躲藏的廚房、冰箱、垃圾桶旁及排水管周圍等地方時，剛放置的初期一、兩週內，會發現大量蟑螂被驅趕出來，這時，透過其他捕殺方式徹底解決後，到了中後期，因為蟑螂已無棲地，就幾乎不會再看見蟑螂，可以說是非常有效！

此外，木酢丸可以透過定期一個月補噴木酢液或是精油來維持防治效果，以達到半永久性的重複使用來防蟑防蟲，不只有效還非常環保！

我家後陽台其實很常有奇怪的蟲子跑進來，某一年，我開始迷上木酢達人家的產品，在家裡後陽台放了木酢丸，還不時噴灑酚多精，不知不覺間，竟然解決了家中夏天蟲子的問題，真的很方便，蟑螂和蟲子都不見了！

新竹　Yoko 小姐

老衣櫃裡的樟腦丸？

記得孩童時，家裡的櫃子經常會放一些驅除害蟲的用品，最常見的就是樟腦丸。不過根據從前長庚毒物科林杰樑醫師表示，天然樟樹萃取的樟腦油，是一種神經毒性物質，毒性很強，可能經由皮膚吸收，甚至不小心吃進去，產生嚴重的中毒。他就曾經在醫院接過許多樟腦油致命的案例。

但既然樟腦油這麼毒，又怎麼會在市面上核准販售呢？環保署毒管處表示，核准販售主要是環境用藥的部分，所以民眾自行使用時要特別注意，切勿長時間吸入與肌膚接觸。若衣物與樟腦丸放置在一起，就要透過清洗與日曬，讓有害物揮發乾淨後再穿。

另外，市面上已很難見到純天然的樟腦丸，一般都是以二氯苯為原料合成的樟腦丸或萘丸。這其實不是真正樟腦油做的，而是合成物質「對二氯苯」。樟腦丸有天然樟腦丸與合成樟腦丸之分，含有萘的樟腦丸大多呈白色，氣味刺鼻，且沉於水中；而天然樟腦丸則是光滑呈無色或白色的晶體，氣味清香，會浮於水中，目前已經非常少見。

此外，我們也常見到樟腦丸被丟入男廁所裡的小便斗以解決臭味問題，但樟腦丸消除臭味的原理，是用氣味來掩蓋臭味。為了揮發效果，業者特別在這些合成配方中添加許多令人擔心的石化成分，一旦經常性的吸入，就會造成身體的不適。所以，做個聰明的消費者要好好慎選防蟲用品，才不用擔心這麼多問題！

改善居家的霉味和濕氣

台灣寶島多雲潮濕，每年的雨量相當多，平均年降雨量為二五一五毫米，是世界平均雨量的三倍之多，屬於溫潤豐沛的海島氣候。這樣的氣候，造就了台灣居家環境中的高濕度，尤其是住在海拔較高的居民，更能感覺到濕度所帶來的困擾。

前幾章有提到，「控制濕度」是提升家中潔淨度的重要關鍵。若是太潮濕，會有包括家具容易發霉、衣物容易曬不乾、廁所與廚房常有異味產生等環境上的困擾，難怪除溼機、空氣清淨機等各種家電用品會長期受到大家的熱切關注。但是，除了每天使用除濕機之外，還有更簡單與節能的方式嗎？答案是有的。

我們可以選用天然林木高溫燒製的台灣龍眼炭，或是進口備長炭所製作的除濕包來對抗濕度。炭本身具有很好的吸附異味與調節濕度的能力，特別是高溫炭在密閉空間內吸附效果尤其顯著。

嚴格來說，炭並不會持續「除濕」，而是調節濕度。當濕度過高，炭的多孔隙有吸附濕度的作用，但是當炭與空間中的濕度平衡後，就不會持續吸濕。這個時候，只要把炭包

燒好的備長炭，有無數個肉眼看不到的孔，這些孔是樹木細胞所形成的空間，稱為「多孔質」，有很好的吸附異味與調節濕度的能力。

從櫃子裡取出曬太陽，大約只需要半天的日光曝曬即可。如有需要，可搭配吸塵器吸附炭表面附著的灰塵，之後就可以再重新放回衣櫃、抽屜內使用。原則上，炭可以半永久性重複使用，非常的簡單與環保，而且可以明顯感受到衣櫃裡的濕度與異味獲得控制，真的是很棒。另外，像是米櫃或是碗盤櫃也可放置炭包來維持櫃內的環境。

不過仍有許多人會有疑問，吸附濕度的炭會發霉嗎？炭擺多久需要拿出來日曬呢？以及該怎麼評估室內要放多少炭呢？因為炭來自大自然，不管是炭化溫度、樹種、密度都不一樣，同樣的，擺放的環境空間大小、平均濕度、海拔高度都不一樣，也難怪很多朋友會有這麼多疑問，質疑炭的效用。其實是有一些判別方式的，只需要一點點細心觀察就可以發現！例如若要判斷日曬時間，可以觀察含水

備長炭放於碗盤櫃以控制濕度

分的炭會比較重，聲音比較沉，也會感覺炭冰冰冷冷的。這時候就可以把炭拿去曬曬陽光。之後就會發現，炭敲擊聲音變得清脆也變得較輕，所以只要一段時間檢查一下炭包，就可以知道答案了。

至於空間內應該要擺放多少炭，才能有感空間中的濕度有改善呢？答案是──「空間大小與需要放置備長炭的量成正比」，也就是必須找到平衡點。筆者曾經到過一個放了一噸炭的大客廳，客廳中的濕度儀器顯示，不論早晚、四季，這個空間始終維持在60％以下，整個環境呼吸起來非常舒爽，沒有一點潮濕異味，真是讓人非常驚艷！

備長炭包放於衣櫃裡，除濕又可重複使用

備長炭包放於浴廁裡，除濕又美觀

後來討論得知，因為炭的數量夠多，讓環境始終處在一噸炭可以調節濕度的範圍內。如果沒辦法放入這麼多炭，那就縮小空間，先將備長炭包放入封閉的衣櫃、抽屜裡！

房間中擺放備長炭，形成自然的空氣清淨機

衣櫃中放置備長炭如同自然除濕乾燥

其實買備長炭包已有數月了，之前一直為了衣櫃的濕氣十分苦惱，衣服拿出來常常都有些閩閩（台語），為此，先後買了許多除濕商品，始終都沒效果。直到研究備長炭後，抱著姑且一試的心理，也一直深信木酢達人的商品品質，就先買一包放在衣櫃的底板下。經過一陣子的觀察後，想不到效果出奇的好，所以又再買一包作補強。

到現在已過半年了，歷經季節變換的水氣，我的衣櫃濕氣真的有很大的改善。一開始覺得價格不便宜，但若能持續長久使用就真的很超值！加上又是天然的產品，一整個覺得安心！

基隆　梁小姐

炭盆栽的實用美學

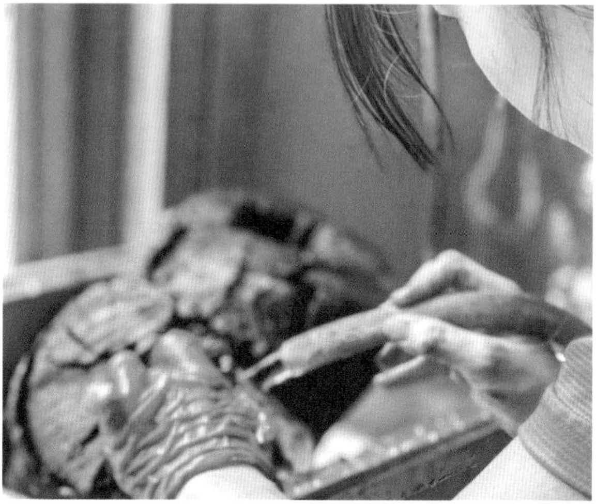

每一塊炭都須經過炭師傅的挑選、整理、清潔

從樹給我們的第一口呼吸開始，直到落枝讓我們回收燒製成炭供溫取暖，我們都受到大樹的照顧。我們要如何透過循環再生，在居家生活中，呈現出炭的美呢？

炭的美，特別在於數十年自然生長的髮絲樹紋，以及燒製八百度後所呈現的黑金斷面，下次仔細觀察炭的外觀，各位會跟筆者一樣感受到，炭的美好似大自然的鬼斧神工。只是很可惜，目前市場對炭的應用，大部分皆停留在炭包放置櫥櫃等調濕應用，但炭包並無法呈現炭的自然美。

筆者經過不懈的努力與試驗，終於結合了

炭盆栽布置於任何空間，藝術感立即充滿於生活中

炭的實用性與植物美學藝術，於二〇二〇年展出了台灣第一個「龍眼炭盆栽」這個全新居家生活藝術品。

炭盆栽保留了炭的調濕、吸附異味、過濾等實用特性。我將植物種植於自然斷面上，實驗測試結果，發現炭盆栽只要放置在空間裡，就會產生滿滿負離子，等同於是一個天然空氣清淨機，給空間滿滿的好空氣。再加上各種不同花草蕨葉的植物搭配，放置在客廳、餐桌上，生活中立即充滿藝術感，大大提升居家美學與生活品質。

炭盆栽的外觀獨一無二，製作上也非常不容易。粗略估計，約每一百根木炭，只有一根炭有機會完整保留外觀且結構穩定，適合炭盆栽使用。此外，當把植物種植進炭盆裡，

可發現植物都長得非常健康，也許這跟炭的透氣性與天然抗菌有關！看來，還有很多驚奇等著我們去發現、研究！讀者有機會一定要現場看看這美麗且得來不易的「炭盆栽」！

照顧炭盆栽的小撇步

炭的構造是「多孔質」，因此把小盆栽種植於炭上可讓植物排水性佳、不易造成植物泡水爛根，因此照顧起來很容易！只要掌握幾點，各位也可以照顧屬於自己獨一無二的炭盆，讓炭盆美化您的空間。

一、照顧植物不外乎「陽光、空氣、水」，只要掌握這三個基本條件就可以掌握要領。

二、炭盆是非常特別的盆器，必須小心輕放，不可以外力重擊。

三、要避免溫差過大，否則炭盆可能會因為熱漲冷縮而碎裂。例如曝曬後澆冷水。

MB

把炭盆放於居家擺設，成為天然的空氣清淨機

自然力去除汗味和霉味

前述說到台灣的氣候潮溼，不僅衣物久放衣櫃會產生霉味，日曬不足時，衣物穿上一陣子後也會開始有臭味，在衣物清潔上非常令人困擾，到底該怎麼處理呢？首先，我們必須先解開衣物散發臭味的原因。

一整天穿著的衣物，會沾染上我們的汗水和蛋白質，而細菌會分解殘留在衣服纖維上的蛋白質，這個過程中會產生一種類似乳酸的「汗臭味」。現在洗衣服多半是仰賴洗衣機，一旦清洗流程沒有將衣物上的蛋白質去除乾淨，即便洗後衣服聞起來沒味道，只要穿上身有了適當的體溫跟濕度，就會讓衣服的臭味又跑出來，令人非常尷尬。

台灣氣候除了潮濕，日照時間只有七、八、九月是比較充足的。一般陰雨天或是潮濕季節時，基本上無法透過日曬殺死衣服上的細菌。如果是在夜間洗晾衣物，會更容易出現「霉臭味」，主要也是因為沒有充足日照，衣服只是陰乾，沒辦法除菌。說到這裡，讀者一定瞭解了衣服異味的發生跟細菌有關。

衣服會產生臭味，往往都是因為在潮濕環境下晾曬。悶濕的環境中最容易滋生細菌，

造成後續收納與穿衣時，發生衣服有異味的問題，嚴重的還可能導致皮膚發癢、起疹。所以我們必須將「洗衣與除菌」放在一起討論，才能真正解決問題的核心。

檢視整個洗衣流程，洗衣時注入常溫的自來水，整個清潔流程搭配洗衣精反覆注水沖洗，但水中含有一定的細菌量與雜質，如果洗衣精沒有殺菌效果，這整個流程就沒辦法將細菌從衣服上給徹底清除。尤其近年大家都開始有意識的拆洗家中洗衣機清潔，就是知道洗衣機內槽容易卡水垢、孳生細菌，須要拆卸清洗。這也讓人注意到，「洗衣機的清潔除菌工作不只是針對惡臭衣物，更包括洗衣機內槽空間的清潔」。這也是在每一次清潔都要注意的工作，不然用充滿細菌的洗衣機洗衣服，只怕會越洗越髒。

天然的殺菌液——木酢液

說到殺菌，筆者當然要推薦天然的木酢液。如果各位手邊有天然的木酢液，可以立即加入足量的木酢液於洗衣機清洗流程中，每一次清洗時，大約只須要加入五十ＣＣ木酢液在洗衣機中，浸泡三十分鐘後再開始下一步的清洗流程即可。經實驗證明，只要浸泡三十分鐘，木酢液就能將衣物除菌達到99・99％。同時，木酢液的木質酸能確實消除衣物上難聞的汗漬氣味。更棒的是，每一次清洗衣物時，木酢液也會幫助洗淨洗衣機內槽與抗菌，沒想到天然的木酢液用在清洗衣物上竟有這麼多優點！

木酢液洗衣精

傳統的洗衣精強調洗淨力及香氛效果，不過卻一直無法有效解決衣物異味問題與洗衣機清潔問題，又因為洗衣精是家家戶戶必備的產品，傳統石化起泡劑在大量使用下已經造成了環境荷爾蒙的大問題。於是筆者在最初接觸木酢液時，就開始研究木酢液洗衣精，希望能盡快推出解決方案。經過數年研究，最終採用洗淨力非常好且環保易分解的材料——椰子油植物起泡劑，再結合天然木酢液、天然海鹽、純水製成天然木酢液洗衣精。雖只有四種單純成分，但是洗淨力、抗菌力、去味力、安全性都非常棒。這款洗衣精也成為筆者所經營的木酢達人品牌至今熱銷排行第一名的商品，受到非常多消費者擁護與喜愛。

換季的時候又到了！以往我最怕這個時候，因為要收納起冬天的棉被、寒衣，收納前還要全部清洗、烘乾，怕下一季要用時會有霉味，更怕成為塵蟎的溫床。

自從使用木酢達人的系列產品後，收納的工作變得輕鬆多了！

1先用「木酢洗衣精」洗衣；

2曬乾收衣前先輕噴「防蟎抗菌噴劑」，然後直接收入收納袋。

最明顯改善的情況是，只要把收了一季的夏天衣物和涼被拿出來使用前先噴一噴防蟎抗菌噴劑，以往過敏猛打噴嚏的現象就減緩了許多！

太讚了！真是太感恩了！

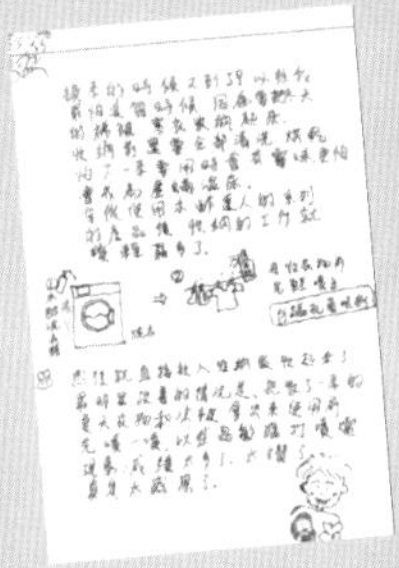

新北　謝小姐

家裡的曬衣空間在室內，只有天井一點點空氣流通，以前用婆婆買的各種品牌洗衣精，掛曬後都會發出一種令人作嘔的潮濕味。後來使用木酢達人的太陽洗衣精後，就算沒有沒有曬到太陽，收下來的衣服聞一聞都是一種好乾淨的味道。現在已經用到買洗衣精的補充袋十公斤裝，洗衣服也要環保愛地球。

基隆　梁小姐

洗衣服可以添加小蘇打粉嗎？

小蘇打粉具有強效的清潔效用，因此很多人在洗衣服時，會直接拿來和洗衣精（粉）加在一起，想要增加洗衣時的清潔效果。這樣真的會更乾淨嗎？

小蘇打粉直接倒入洗衣機，其實很難完全溶解的。如果長期在洗衣時使用小蘇打粉，在拆解洗衣機內槽清潔的同時，可以看到洗衣機內槽會產生沉積物卡在洗衣機的內壁、底部或縫隙等等，這樣反而會阻塞洗衣機的排水功能，加速洗衣機的損壞！

所以清洗「洗衣機」的專業師傅總是說：「小蘇打粉是我們的天敵呀！」

善用天然木酢液對抗微生物！

家庭清潔中最常打掃的場域與地方，第一就是廚房與天天走踏的地板。清潔的關鍵一樣在「控制濕度」。希望讀者理解，唯有透過「乾燥＋抑菌」的方法，才不會讓家裡「濕去控制」。

讓我們再回顧一下，**只要環境中的濕度一高，就容易在居家環境中產生各種微生物，包括細菌、真菌、病毒、藻類和原生蟲這五大類。家裡的灰塵結合這些微生物，很容易成為多種致病過敏原的混合物，最糟的狀況可能導致食物中毒、真菌引發的肌膚感染與人體各種的不適疾病發生。所以在執行各種家庭清潔工作時，除了清潔汙垢，控制濕度是至要關鍵。**

家中最常會用到水的場域、頻率最高的地方，除了一開始提到的浴室就是廚房。像是清洗餐具、沖洗蔬果、烹煮食物、揉擰抹布擦拭餐桌等物品時，都會在廚房流理台使用大量清水。這時請切記，每一次使用完流理台後，都要盡量將水擦拭乾淨、保持乾燥。如果有使用抹布也都要擰乾、晾乾。最後在流理台與抹布上噴上木酢液。這麼做主要是要達到抑菌的效果，做到「乾燥＋抑菌」，以控制這個環境，讓微生物較不容易滋生，就能夠大大提升居家潔淨度。

第二點，我們常會不小心使用大量清水去清潔的情況，就是使用清水拖地。其實我們似乎從小在學校、家庭都是用一個大拖把加上大量清水，再配合拖拖抹抹的方式拖地，這有什麼不對嗎？該如何改變呢？

是的，拖地並沒有錯，重點在於大量清水將導致環境中的濕度提升，如果沒有配合除濕機等協助乾燥，將會導致微生物、蟑螂以及異味隨之產生。所以拖地時建議不要用大量的清水，而是要改用「木酢液」，以噴擦方式一噴一擦、一噴一拖的局部乾擦方式來完成清潔，如此就可以擦去地板上的灰塵、腳氣、皮脂、老廢角質與落髮等看得見的汙垢，又可以善用木酢液的天然殺菌力來殺除並抑制各種微生物生長，真正潔淨居家環境，又不破壞環境中的濕度，讓住在家中的所有成員都能感到舒適。而且這樣一來，居家清潔的工作，

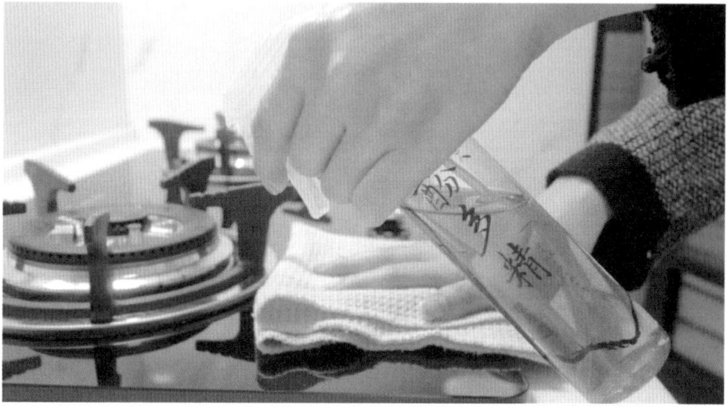

也會變得更加容易，包括學齡前的小朋友都可以參與完成！如果家中有飼養毛孩子，也不用擔心誤食問題，我相信牠也會因為家中乾淨度提升而雀躍地四處跑跳！

筆者特別推薦將木酢液用於環境清潔上，因為它的安全性高，可以噴擦方式用於廚房、地板、浴室等空間。木酢液不含任何石化溶劑，所以不用擔心瓦斯爐的餘溫會造成閃燃等危險，也不用擔心誤食或是肌膚直接沾取到而有腐蝕性問題。天然的木酢液都不會有這樣的安全疑慮，所以可以放心使用這份來自大樹的力量。筆者相信，這是大樹最終的生命力展現，希望各位能懂得使用、懂得善用。

CHAPTER

5

肌膚清潔保養

清潔要確實 保養有耐心

避免使用刺激與來路不明的保養品

選擇天然無毒 才是正確方向

令人擔心的便利性

隨著各種新技術的發明與應用，市面上充滿了琳瑯滿目的清潔保養用品。回想過去，一塊香皂就可以清洗全身，現在隨處逛逛開架式的賣場，就能選購到各種不同部位肌膚的清潔、保養，甚至是醫美等級的相關用品，不禁讓人莞爾，究竟是過去的人們太隨意？還是現在的人太講究？又或是，這一切都只是商業的行銷手法？

不過我想，除了一般外部肌膚的清潔，確實有些特別的清潔需要深思熟慮後再行選購，例如嬰兒專用肌膚清潔保養、私密部位清潔保養、口腔與鼻腔的清潔保養等專屬用品。這四個類別因為跟大部分人體外部清潔需求不太一樣，也特別容易在清潔不確實的情況下造成感染風險，所以所有人的確都該認識與具備相關的清潔知識。

例如，有些嬰幼兒在出生沒多久即出現皮膚過敏、發癢症狀，讓新手爸媽慌了手腳到處找原因。也有許多人有私密部位的清潔困擾，但是因為沒有正確的清潔觀念與方式，導致私密部位反覆感染，引發嚴重後果。這些看起來很困擾人的病症，其實只要做好日常的清潔習慣，就能降低感染風險。

對於愛好乾淨的新手家長來說，外出換尿布時，擦屁屁的必備品就是嬰兒濕紙巾。濕紙巾抽出來就能用，方便隨時幫寶寶擦擦手腳，保持清潔。不過，這些嬰兒專用的濕紙巾，為什麼可以長期保持濕潤呢？

這是因為濕紙巾內添加一種可保濕的化學物質丙二醇（Propylene Glycol，又稱為丙烯乙二醇）。丙二醇是一種透明、無色、具黏性及吸濕性的化學液體，與香料有良好的互溶性，並且具有一些保濕、抗菌作用，因此常用於濕紙巾、卸妝油、洗面乳等化妝品中。另外在工業用途上，也是汽車、飛機和船在冬天低溫時可防止引擎結冰不能發動的抗凍劑。

另外一種常見的保濕添加物是「甘油」，這是一種透明、粘稠的液體，又稱為丙三醇。其實，甘油是人體中脂肪消化分解就會產生的物質，皮膚下方的脂肪層裡面就含有甘油，存在動植物體內和人體內，許多標榜有「鎖水保濕、潤澤肌膚」的保養品之所以具有良好的保濕效果，就是成分中甘油所帶來的。

總而言之，如果只是加水，濕紙巾就會像沾水的毛巾一樣很快乾掉，想要長期保持濕潤，就必須添加可以抓住水分的丙二醇、甘油這類保濕成分。

此外，業者為了讓濕紙巾的清潔效果更佳或是帶有一點香味，會再添加其他界面活性劑與香精等石化成分，而這其實就是最大的問題點。一般人使用完濕紙巾後，並不會再用清水沖洗。但事實上，濕紙巾並不能完全清潔肌膚。同時，肌膚上還殘留甘油、丙二醇與其他化學成分，像是人工香精、抑菌劑、防腐劑等，若長期使用這些石化成分，將影響皮膚表面的油水比例、酸鹼性，造成角質傷害。

雖然這樣說，但濕紙巾使用起來很方便，在外出時與一次性清潔上仍有其需求，如果讀者必須經常使用到濕紙巾這樣的產品，其實可以改用「蒸餾木酢液＋無菌不織布」來作為取代方案。

像是大家比較擔心的新生兒尿布疹問題，其實不須要仰賴濕紙巾，而是盡可能保持寶寶屁股乾燥。例如新生兒至嬰幼兒階段，每隔一至二小時即察看並更換尿布，同時可以搭配溫水洗淨，並用柔細不織布、紗布巾擦乾，之後再通風乾燥五至十分鐘，不要立即包裹，就可以確實預防尿布疹。

蒸餾木酢液對肌膚的刺激性低，氣味上也比較溫和，搭配噴灑至無菌不織布上，可放心使用於肌膚、物品與環境的清潔。因為蒸餾木酢液本身就有很棒的抑菌、分解汙垢天然效果，搭配無菌布或紗布巾擦拭，就不用擔心石化添加物殘留與刺激肌膚的問題。

我們都知道保持清潔習慣是「預防醫學」非常重要的步驟，但其實使用便利的濕紙巾，恐怕是有疑慮的。所以包括在全球新冠肺炎疫情期間，衛生福利部疾病管制署還是推薦前述章節提到的「洗手」才是最好的清潔方式。各種濕紙巾的使用，都只能是過渡型的替代清潔方式。

新生嬰幼兒的用品

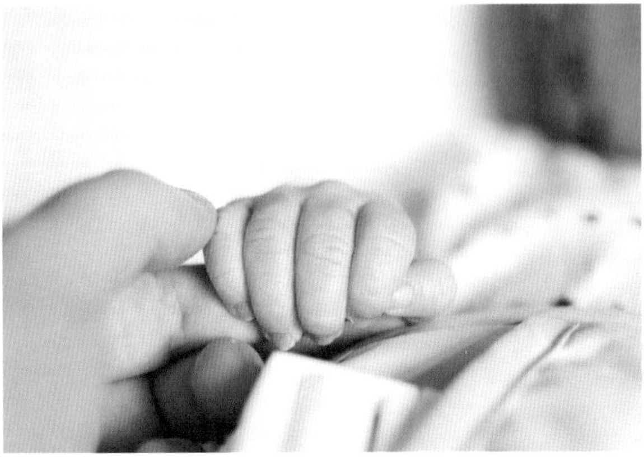

我們將新生兒（〇—五週齡）、嬰兒（五週—一歲）、幼兒（一—三歲）、學齡前兒童（三—五歲）這幾個區間做一個分類。新生兒至嬰幼兒階段的皮膚最細緻，容易受到微生物感染與汗水、汙垢刺激。通常孩子要到學齡前階段，也就是三歲之後，皮膚才能發育的和大人一樣。所以新生兒至嬰幼兒階段的清潔保養用品，非常須要特別挑選。

就以寶寶洗澡來說，簡單、緩慢、安全最重要，尤其對於剛呱呱落地的寶寶們，多會被醫師、護理師囑咐衛教建議，一般沐浴時只須用溫水擦拭身體肌膚即可，只有在流汗、溢奶、排泄時，才讓寶寶使用到具有清潔力的清潔用品。這個部分也是新手爸媽們須要特別研究與瞭解的知識。

剛出生幾天的嬰兒，因已脫離母體原本濕潤的羊水環境，表皮會逐漸脫落，一般在一週左右就可掉落乾淨。正常新生兒因皮膚角質層本就較薄，皮下微血管又豐富，所以完全落屑後的皮膚會顯得更粉紅色及柔軟光滑。這時要特別小心因輕微的外力而使原本薄弱的角質層脫落，這將可能引起皮膚感染，甚而有生命危險。也因為皮薄，皮下微血管網又豐富，因此嬰兒的皮膚吸收、通透力非常好，所以不可隨便讓嬰兒亂擦藥膏，以免被大量吸收入血中，造成全身性毒害。其他像日常的沐浴清潔例如洗澡、洗臉、泡澡時，也應選用嬰兒專用的清潔用品。另一方面，由於皂類產品偏鹼性，對剛出生的新生兒來說並不適合。

人體皮膚表層有天然的酸性保護膜（pH值四．五—五．五），而且新生兒皮膚較薄，使用天然且弱酸性的清潔用品會比較適合。

另外，注意洗澡水溫度，三十六～四十度最好，尤其冬天時，不要以為洗熱一點身體溫暖，那樣反而會破壞孩子的皮膚屏障，造成皮膚傷害甚至發炎。補充一點，沐浴後，嬰幼兒的皮膚會變得比較乾燥敏感，這時也可以幫孩子塗抹植物性乳液來加強保濕。唯請注意成分不要有香料或太多石化添加物，或乾脆選擇單純保濕的沙棘油也很棒。只要掌握這幾個選擇方式，就一定可以使寶寶舒服，大人照顧起寶寶也會輕鬆許多。

要找寶寶用的沐浴乳真的不容易，有人推薦我使用木酢的寶寶慕斯。一開始對味道很不習慣，使用幾個星期後反而愛上了這個特殊氣味。因為沒有添加一般沐浴乳的石化合成成分，使用上更是覺得放心，加上艾草精油就更安心了。現在寶寶在洗澡的時候也十分開心呢！

台北 May 小姐

過敏性鼻炎的照護

根據二〇二〇年全台過敏性鼻炎大調查顯示，國人有高達六百九十萬人飽受過敏性鼻炎之苦，逾三成患者每年至少一半時間出現鼻子癢、眼睛癢、喉嚨癢、流鼻水、鼻塞、打噴嚏、鼻涕倒流等七大症狀。

台灣鼻科醫學會理事長、成大醫院鼻科主任方深毅指出，過敏性鼻炎病患最容易在換季、接觸灰塵及塵蟎等過敏原時發作。根據臨床觀察，發現不少病患會自行前往藥局購買鼻噴劑以緩解不適症狀，但這類鼻噴劑副作用較大，通常也只是治標不治本。

瞭解清潔鼻腔的重要性後，究竟這麼嚴重的鼻炎問題，有沒有辦法從預防醫學的概念去做到日常清潔，以幫助重要的鼻子保持健康呼吸呢？

我們首先要先瞭解這個重要的小鼻子除了有呼吸的功能，還有濕化空氣、溫暖空氣的作用。鼻腔內為呼吸道黏膜結構，這些黏膜具有持續的分泌功能，由於鼻腔形成的鼻甲結構，鼻腔內黏膜面積很大，供血豐富，可以對吸入的空氣進行加溫、加濕，從而使吸入的空氣變得濕潤、溫度適中，而且確保吸入的空氣是清潔的。

目前空汙的問題日漸嚴重，空氣狀態一年總會有好幾天很讓人擔憂。我們前述提到的過敏性鼻炎問題，已經轉變成是一種日常就必須學習照顧好的常態疾病。

除了戴上口罩、服用抗組織胺等藥物去控制，還必須經常保持鼻腔清潔與濕潤的狀態。筆者團隊仔細研究關於過敏性鼻炎的清潔問題後，遂開始思考利用天然的蒸餾木酢液製作「清鼻露」。期盼以天然配方與日常簡單的清潔習慣，做到緩解慢性過敏性鼻炎的症狀。

「清鼻露」目前研究的全成分配方與效果如下：

無菌水：GMP標準二十四小時循環的無菌水，主要作用於稀釋及均勻混合各成分，並能濕潤鼻腔。

蒸餾木酢液：果樹萃取，經四七〇項無農藥殘留，主要用於清潔鼻腔與提供抑菌效果。

甘油：植物來源甘油，醫藥級（USP）品質，濕潤鼻腔，軟化鼻腔分泌物。

維生素C：保護鼻腔粘膜健康。

1,3丙二醇（植物性澱粉衍生）：濕潤、清潔鼻腔。

薄荷醇、薄荷精油、甜橙精油：精油配方可增加清涼感與令人怡悅的嗅覺氛香。

除此之外，「清鼻露」質地帶有一點黏性，會行成鼻腔內的保護膜，減少直接吸入髒汙與過敏原，減緩發生打噴嚏等慢性過敏鼻炎的反應。

打噴嚏，是因為人的鼻粘膜上有許多非常敏感的神經細胞

說到打噴嚏，主要原因是人的鼻粘膜上有許多非常敏感的神經細胞，當刺激性氣味或異物進入鼻孔，神經細胞就會立刻把這種情況傳遞到大腦，讓大腦發出命令，讓肺部一吸氣，再使胸部肌肉猛烈收縮，然後用力從鼻孔和嘴向外噴出氣體，一下子把闖進來的東西趕出去，這就是形成打噴嚏的由來。所以，如果「清潔鼻腔的方式與產品不正確」，恐怕反而會讓鼻腔受到刺激，誘發打噴嚏、鼻塞等過敏情況，請務必特別留意。

清鼻露的正確使用方式？

遇到換季、粉塵花粉、PM2.5各種莫名空汙時，是否讓您的鼻子非常難受呢？其實，市面上已有非常多洗鼻噴霧液等產品，透過高壓噴霧，將鼻腔內的所有髒汙全往內噴洗，讓全部的鼻涕與汙垢不是被吃下肚，就是從嘴巴裡咳出來。這是因為我們的鼻後腔、咽部、喉部及食道都是相通的。就這點來看，各位可以自行評估刺激性與感染風險的問題。但不論如何，養成清潔鼻腔是非常正確的行動。筆者建議，除了洗鼻噴霧，也應該增加使用清鼻露。主要是因為清鼻露能將髒汙在鼻腔內這一段就確實清潔乾淨，並在內部形成一個濕潤、抑菌的保護膜，接下來只要養成定期早晚清潔，就能夠讓鼻腔內部保持乾淨，我相信對過敏性鼻炎的朋友一定有幫助。

使用方式：

1、如果鼻腔中有鼻涕，請先用衛生紙單邊擤淨後再使用。

2、感冒期間，可以早中晚各清潔鼻腔一次，保持鼻腔乾淨與呼吸通暢。

3、使用時，以棉棒或紙巾滴上一～二滴的清鼻露，由內而外的環狀輕轉方式清潔鼻腔。

4、動作須保持輕柔，勿太過大力，以免誘發打噴嚏等狀況。

5、家長幫助孩子清潔時，要注意力道並切勿讓孩子過分緊張，導致鼻腔充血鼻塞。

自己的鼻子長期過敏，有時候睡覺前會鼻塞就很難睡。可是只要用清鼻露把鼻子清一清，鼻子就會慢慢舒服了，而且清鼻露有微微涼感，味道也好聞。很神奇，知道不是藥只是清潔，但慢慢的可以吸到比較多的空氣。睡前我都會用。

記得小時候我媽要用生理食鹽水來洗我的鼻子，我都害怕得不敢用。但是這個清鼻露我很喜歡，也不害怕。

台南　蔡小姐

我的孩子有過敏體質，空氣不好時就打噴嚏揉鼻子，鼻子很脆弱，一揉就流鼻血，讓我非常心疼。我買了木酢的清鼻露讓兒子使用，也剛好遇上變天的季節，用的時候兒子鼻子有點癢，但重點是，清完之後他不會一直吸鼻水，而且滿順利的，也沒有流鼻血的狀況。很開心找到正確的清潔方式，原來正確的清潔、保護真的很重要。

台東　顏小姐

口腔清潔漱口水

嘴巴有異味？蛀牙、牙菌斑、牙齦炎？口腔健康在社交禮儀上有莫大影響。雖然我們有定期用牙刷、牙膏、牙線清潔牙齒，卻仍有些死角沒辦法徹底清潔乾淨，或是不方便清潔刷牙時，就會造成齲齒發生，也就是俗稱的蛀牙。常見的齲齒菌種是乳酸鏈球菌與轉糖鏈球菌等革蘭氏陽性好氧菌，它們代謝醣類後會產生能腐蝕牙齒的酸性物質。齲齒的症狀包含疼痛與進食困難，併發症包含牙齒周圍組織發炎、牙齒喪失與形成牙齒膿腫。

關於口腔健康，我們必須把清潔重點放在防治蛀牙上。筆者整理了一些清潔方向給讀者參考：

1、餐後刷牙或使用漱口水清除牙菌斑。

2、使用品質良好的牙刷和含有氟的牙膏。

3、每次使用牙刷後要清潔乾淨並放置乾燥處。

4、建議三個月換一次牙刷，並天天使用牙線。

5、每六個月到牙醫診所檢查全口腔牙齒健康。

牙刷與牙膏的清潔方式還是最有效的方法。另外像是幼兒要使用漱口水時，須要有大人指導與看顧。

漱口水是相當便利的口腔衛生清潔用品，一般具有殺除微生物牙垢的功能，主要功效是能防止齲齒、牙齦炎和消除口臭。

市面上已有添加蒸餾木酢液的漱口水，口感帶有微酸的烏梅香味，嚐起來非常像果汁，不會對口腔有刺激性，大小朋友都非常適用！木酢液漱口水的清潔力有助清除喉嚨部分的粘液與食物殘渣，也可以保持口腔口氣清新及牙齒健康。可在每天早晚刷牙及使用牙線清潔牙縫後，搭配使用漱口水，全面清潔，保持口腔衛生。

如果家中有長輩，老人家的口氣問題有可能跟口腔唾液較少且乾燥，或與假牙清潔不確實有關。方便的漱口水就非常適合長輩使用。尤其考慮到長輩的口

漱口水請注意

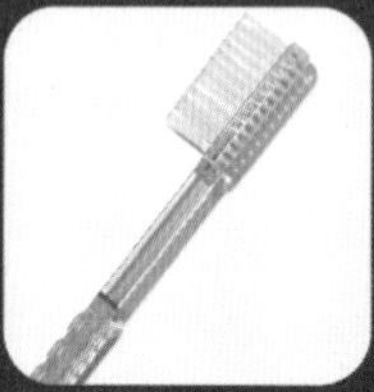

漱口水不可取代
牙刷、牙線、牙間刷

詳讀使用說明書
漱口水的漱用方式不同

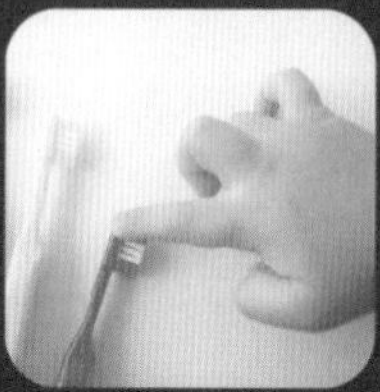

六歲以上孩童請
大人陪同使用

腔較為乾燥，木酢液漱口水特別不含酒精成分，以避免刺激口腔內膜，並可擴大應用於長輩的假牙清潔。若要用木酢液漱口水來清潔假牙，建議先用水洗淨假牙後，再浸泡木酢液漱口水三十分鐘，搭配牙刷刷洗，就可以完成清潔抗菌的洗淨工作，非常方便且安全！

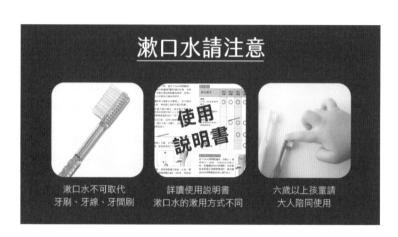

經研究，漱口水不能取代牙膏！

市售常見成藥型漱口水及一般型保健漱口水的差別在於，藥用漱口水含高濃度殺菌劑，具殺菌消毒效果，但長時間使用，易導致口腔菌叢不平衡，使口腔問題惡化，所以即使零售通路買得到，仍建議在醫師指示下使用。至於一般型保健用漱口水，挑選時應考慮個人需求，並注意各項成分，以保障長期使用的安全性。

除此之外，我想大家都很希望能夠透過簡單的「漱口」來代替刷牙，但是很遺憾，漱口水沒有辦法取代刷牙的清潔效果。以目前為止實證醫學的證據顯示，仍沒有太多證據支持這些種類的漱口水對於蛀牙、牙菌斑、牙齦炎有顯著的幫助。重點還是要依靠牙刷、牙線、牙間刷的刷刷洗洗才能確實清潔乾淨，而漱口水只是輔助角色。

我刷完牙後會使用含木酢成分的漱口水，第一口立刻感受到的是熟悉、安心的木酢微酸口感，緊接著跑出來的是檸檬挾帶著薄荷的清香。含漱時沒有他牌太多餘即將爆出口的泡沫，也沒有任何刺激不適感，只有淡淡的植萃香氣，如果沒有事先知道是漱口水，可能就喝下去了，就是這麼安心的口感。

儘管過了十來分再感受，口腔仍然很清新！我有帶牙齒矯正後的維持器，目前使用下來也沒有會染色的現象，非常喜歡。

高雄　吳先生

我是一個愛用漱口水的人，以木酢的漱口水來說，微涼的漱口水在口中感覺真的滿舒服的（沒有以往使用市售漱口水的過度刺激感），對於消除飲食後的口氣異味也非常有效！

而且不知道是不是心理作用，前幾天熬夜加班後牙齦不適也有舒緩的效果！真的很讚！

新竹　宋小姐

好好照顧私密處

隨著年紀逐漸成熟，**男性與女性更加重視私密處的清潔需求與健康。其實私密處肌膚本身就有自我調節的能力，因此，清潔重點在於溫和去除汙垢，並且不要造成傷害與負擔，讓私密處能更快恢復到健康狀態。所以，只要選對合適清潔用品，維持良好的清潔習慣，就能讓私密處保持健康。**

和身體其他部位肌膚相較，女性私密處的酸鹼值位於pH值三．五～四．五之間，正常情況下呈弱酸性。陰部本身含有許多好菌，如Lactobacilli（乳酸菌）能抑制害菌（如念珠菌、鏈球菌）的生長，幫助女性私密處維持健康。但很多年輕女性都因工作或作息而習慣熬夜，另外其他像是懷孕、生理期等期間，也容易免疫力失調，讓私密處遭受病菌感染的風險。

再加上台灣屬於潮濕氣候，以及穿緊身衣物的風潮興起，私密處常常被內褲、牛仔褲等不透氣包覆著。鼠蹊部不易散熱，導致汗水、汙垢堆積，時間久了，原本存在皮膚上的微生物，因喜好潮濕溫度高的環境，便會開始加倍生長，導致股癬或是念珠菌等感染私密部位。尤其是女性朋友經期前後、懷孕期、使用藥物、發生性行為後，清潔的不夠確實，都可能造成私密處種種不適症狀與感染。

由此可知，不論男性與女性，私密處的清潔都非常重要。過去，我們沒有留意穿著習慣、熬夜作息，才導致了汗水與微生物有機可趁，影響了健康。所以在外部衣著部分，要盡可能選擇材質好的純棉內褲，以幫助私密處悶熱流汗時吸收汗水，還可以減少異味，而且較柔軟的棉質內褲也會減少過度摩擦導致皮膚感染的機率。

除了外部衣物，女性特別在不同時間點上，會更須要注重私密處清潔的問題。例如：

A、**懷孕期間**荷爾蒙會產生很大變化，這可能會導致私密處pH值不平衡，造成出現搔癢症狀。

B、**更年期**過程中，因為體內荷爾蒙和生活型態的改變，許多婦女都會出現諸如情緒失衡、潮紅盜汗、睡不安穩，同時私密處也會出現乾澀等各種令人不適的症狀，須要特別照顧。

C、**生理期時**，私密處會偏鹼性，對細菌的免疫力會大幅降低，這時候無法確實清潔，就算更換衛生棉也無法真正保持乾淨，是一個容易造成私密處發生感染的時間。

在清潔方面，私密處不只是需要日常一天一次的沐浴，更要增加每次上完廁所後，使用清潔私密處的「私密專用清潔慕斯」於紙巾上輕噴後擦拭，增加私密處乾爽、抑菌，以減少異味與最關鍵的有害微生物滋生機會。

不過既然是清潔與微生物問題，來自天然的木酢液是否有機會有助私密處清潔呢？的確是可行的，目前已有市場產品測試研究出利用蒸餾木酢液搭配維生素B3、維生素B5、維生素C、聚麩胺酸（納豆萃取）、天竺葵精油、真正薰衣草精油、依蘭精油等天然素材配方所製成的私密清潔用品，可有效清潔汗水、汙垢與抑制有害微生物的生長。

目前的清潔設計非常豐富，有兩款樣式，一為每次如廁後可以直接使用的慕斯泡沫輸出，可搭配衛生紙擦拭使用。另一款則為清潔沐浴露，可於每日的沐浴時使用。相信這兩種用法，不論對男性或是女性來說，都是很棒的清潔方式。

筆者建議家長可以在孩子們還小的時候，就指導教育孩子正確的私密處清潔觀念，以便未來長大後，保持正確的清潔觀念，並減少汗水、微生物感染私密處的風險。

七種私密處保養方式，好好擁抱健康

私密處清潔非常重要，清潔時主要可以掌握七點原則：

一、使用天然、溫和、不刺激、無添加香精的外陰部清潔品，減少肌膚刺激性。

二、請勿使用來源不明的清潔用品，以避免破壞正常陰道內菌叢。

三、如果感染或分泌物不正常，請找醫師而不是選用清潔用品處理。

四、儘量選擇寬鬆衣褲，保持私密處通風、涼爽，不讓鼠蹊部潮濕悶熱。

五、衣物要清洗乾淨並保持乾燥，尤其是貼身衣物，一定要確實洗淨、曬乾。

六、規律的作息可以確保身體有正常的免疫，讓陰道內菌叢維持良好的平衡。

七、養成規律運動，調節身心狀態，對人的整體健康也有助益。

只要掌握這些原則，讀者一定可以輕鬆維護自己私密處的健康！

國小一年級的女兒平常在學校上廁所，使用衛生紙擦拭常常無法擦拭乾淨，導致尿漬都會殘留在內褲，回來小褲褲就有臭味，也曾有過私處癢的情況，當時是使用濕紙巾來預防，但其實也不理想。

在使用木酢的私密達後，內褲尿味減少很多，擦完乾爽香香的，女兒使用非常上手，她很喜歡，我想夏天時，應該就不用擔心女兒私處感染了。

新竹　方小姐

只要女生私密處的分泌物沒有仔細清潔，就容易有搔癢感，但又不可能隨時帶很多件小褲在身邊替換，用護墊又容易悶熱，更易引起搔癢。

私密達的慕斯讓我在生理期更換衛生棉期間，每次都能很清爽，清潔起來也不害怕因為有化學清潔劑影響，使用得很安心。因經血整天接觸在私密處，容易產生累積堆疊在肌膚上，進而有異味，這樣的問題也有減少，我每次上廁所都會使用！搔癢也因為有認真清潔，明顯改善許多！

台北　廖小姐

CHAPTER

6

木酢液照顧毛小孩

如同家人般生活在一起

消除異味與清潔抗菌格外重要

仰賴木酢液的自然力

簡單噴灑就能做到

毛小孩不會再臭臭了

像家人般的毛孩與我們生活密不可分，偶爾身體會散發一股特殊的味道，這是動物本身的皮脂腺分泌物，是為保護皮膚所啟動的天然防禦機制。但是分泌的油脂在台灣溫暖潮濕的環境中，特別容易滋生細菌。另外，如果洗澡後毛髮沒有吹乾，也會讓皮膚上微生物增生。其中，細菌分解皮膚上的油脂後，會產生特殊異味，若連帶發生持續性的抓癢、啃咬皮膚的情況，飼主們就要注意，可能是微生物的增生導致發生皮膚問題的前兆。

一般來說，大型犬的體味比較重，小型犬的體味比較輕，貓咪則會自己清潔身體，體味也比較輕。總而言之，要先徹底瞭解自家毛孩，如果覺得毛孩的體味特別重或有了改變，請立即作進一步了解並進行預防。

毛孩口腔臭臭！

毛孩口臭怎麼辦？雖然平時已經有注意幫狗狗刷牙，但口臭還蠻嚴重的，一湊上來就聞到一股味道。究竟這股異味是身體不舒服，還是其他原因？除了看診之外，日常我們該如何以預防醫學的概念，幫助減輕毛孩的口腔異味與疾病呢？

毛孩若口腔異味嚴重，表示有口腔問題或消化道狀況。市面上有各種潔牙骨及除口臭噴霧可消除口臭，雖可短暫消除異味，但並沒有解決口腔內的問題。

口腔問題大部分是牙結石、牙菌斑及牙垢等造成，可使用毛孩專用的牙膏或牙刷，每天幫毛孩刷牙。刷牙要特別注意的是，不能用人的牙膏，因裡面含有芳香劑及氟，毛孩會過敏。如果毛孩抗拒刷牙，可觀察是不是因為口腔牙齒的問題，例如牙齒有黃斑或是口臭一直不退，此時不妨到獸醫院請醫師協助洗牙。

養成習慣，定期幫毛孩清潔牙齒，或善用毛孩子專用的天然漱口水用品來清潔口腔、消除異味、預防牙周病也是一個選項。唯要選擇合格工廠製造且較少刺激性的添加物，例如不含酒精與木糖醇，就是對毛孩身體負擔較為友善的配方。

另外，口臭如果是因為毛孩平常就常常消化不良，建議要盡早尋求獸醫師協助，避免延誤就醫。

毛孩耳朵臭臭！

健康毛孩的耳朵應該乾燥、無特殊臭味。但有時會發現牠們的耳朵突然發出強烈臭味，甚至還有深色液體流出，這時候絕對不只是單純的臭味，而是耳朵已經感染了。

狗狗的耳朵自然會分泌油脂，平常若沒有養成清潔習慣，累積的耳垢會越來越多，漸漸成為細菌和寄生蟲的溫床。因此，一旦發現狗狗一直搔耳朵或甩頭，或是明顯有耳朵變臭、流出髒汙液體等，可能就是耳朵不適的警訊。

由於毛孩不會說話，我們必須用心觀察，平時除了洗澡，還要以正確的方式定期清理耳朵和耳垢。但是用棉花棒清理毛孩耳朵時，一定要注意不可以深入，寵物耳道呈 L 型，反而容易將髒汙推向耳朵的深處，造成狗狗耳朵不適甚至感染。建議可以買專用的洗耳液來清潔。

洗耳液是直接以滴入三～五滴進入耳朵，再用手輕輕搓揉狗狗耳朵，讓清潔液溫和分解耳垢。搓揉完畢後，毛孩感到耳內有水，便會本能性地甩頭，將耳道內的清耳液與溶解後的耳垢一併甩出。這種清潔方式須特別注意洗耳液的成分，要盡量選擇天然與無添加酒精配方，以溫和抗菌為主，才能減少直接刺激內耳的狀況。

毛孩皮膚臭臭！

許多愛乾淨的飼主總是覺得，明明才剛幫狗狗洗完澡，為什麼又發出臭味？味道到底從哪裡來的？其實毛孩天生就有體味，這是為了保護皮膚與生長的自然現象，一般而言是正常的。

毛孩皮膚自然分泌的油脂是為了保護皮毛。若主人因為不喜歡牠們的體味而常常幫牠們洗澡，反而可能擾亂皮膚正常功能。使皮脂腺加速分泌油脂，結果越洗油脂分泌越多，反而體味變得更重。所以清潔重點還是以抑菌、清潔汙垢為主，異味部分只要沒有感染問題，基本上是沒有問題的。

這部分其實可以選用蒸餾木酢液，以噴擦方式替代沐浴，以木酢液搭配梳毛、擦拭，一方面可除去汙垢、抑制微生物，減少細菌導致的異味產生，又可以免去過度仰賴沐浴清潔，使毛孩皮膚上的油脂較為穩定，皮膚也不會失去天然屏障。

毛孩肛門線臭臭！

各位有發現狗狗會蹲在地上故意摩擦屁屁並用前腳前進嗎？那正是狗狗肛門腺出現問題的徵狀。肛門腺位於狗狗肛門位置，是一種氣味腺體，分布在肛門兩側，但是會累積肛門液，需要擠肛門腺清潔。因此肛門腺發臭甚至發炎時，狗狗就會出現磨屁股的行為。

當狗狗出現磨屁股的情況，或是一直想要咬自己的屁股，就要趕緊來處理肛門腺的問題。處理時一樣可搭配木酢液來幫助清潔工作，如此可以減少細菌感染的風險。

至於肛門腺多久清一次比較好呢？基本上沒有一定的時間，一個月清一次或兩週清一次都可以。如果飄出異味，或是出現磨屁屁、想咬屁屁的舉動，飼主不妨可以檢查毛孩的肛門腺是否腫大。

毛孩清潔工作重點在於看得見的汙垢、排泄物與看不見的微生物與異味。筆者非常推薦天然的木酢液給飼主們。最重要的，就是木酢液是非常自然的元素，既可以分解汙垢與排泄物氣味，又有抑制看不見微生物滋生的能力。只要簡單噴灑在毛孩的肌膚，搭配擦拭梳理，或是噴擦毛孩尿液、便便之處，就能快速分解異味，抑制細菌滋生，確保飼主清潔安全與毛孩居住環境健康，也不用擔心誤食問題，且降低了交叉感染的風險。木酢液真的非常好使用。

超級好清潔

毛孩在家上廁所後，可以先將木酢液（酚多精）噴灑於排泄物上，等待數秒鐘，就會發現氣味中和不再有異味，接著再用紙巾進行擦拭並丟棄。最後，重複這個動作再噴擦一次，就可以徹底消臭抑菌。

環境不臭臭

可將木酢液（酚多精）約二十～三十ＣＣ加入水桶，再加入水二〇〇〇ＣＣ進行寵物活動區的環境拖地清潔。此外，寵物玩具食器皿，也可噴灑酚多精後再擦拭，以達到去汙除菌的效果。

布料不臭臭

清洗寵物的睡墊、衣物時，可在水中加入木酢液（酚多精），以加強去除異味與抑菌的效果，同時也可以提升居住環境品質。

簡單好收納

市售也有木酢液搭配植物酒精製成的毛孩清潔抗菌噴霧，是結合了酒精快速揮發並徹底殺菌的優點所製成的清潔用品。

添加的植物酒精可加速揮發乾燥與提升殺菌效果，飼主可用於毛孩較難以清洗的物品上，雖然沒有太強的危險性，但因標榜為環境物品專用，所以飼主還是要避免直接對毛孩使用，避免毛孩打噴嚏過敏。

噴過之後，保持環境通風約十分鐘，即可讓毛孩再次接觸物品。此外，毛孩的日常玩具、用品在每次使用後、收納前，也可以先噴一噴，可抑制黴菌滋生，也較不容易有寄生蟲入侵，達到消臭與抑菌效果。

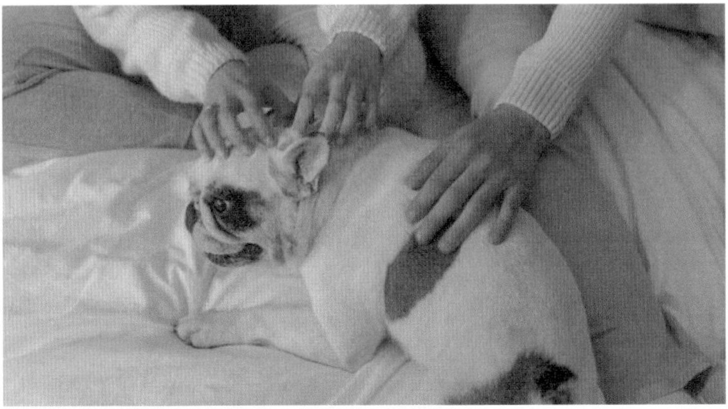

居家好安心

日常清潔做得好，傳染病肆虐季節就不用擔心了。清潔去汙、物品環境也都做到了殺菌，就能大大降低毛孩感染的各種可能性，飼主就可以更安心！

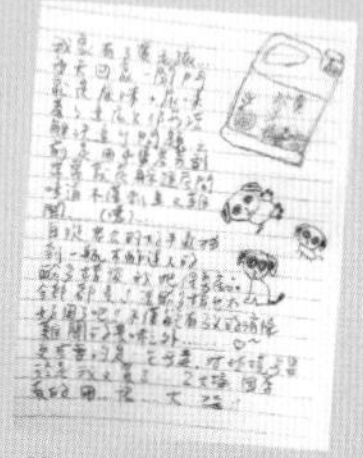

我家有三隻毛孩，每天回家一開門就是屎味＋尿味，養了這麼久仍無法解決這個問題。之前是購買市售芬芳劑，常常一噴芬芳劑，毛孩就躲進房間，味道不僅刺鼻又難聞（噁）。

自從老公好手氣抽到一瓶木酢達人的酚多精後，我把除臭產品都丟了，這酚多精也太好用了吧！不僅能有效消除難聞的異味，更重要的是，它無毒，對環境無害！於是我又買了，因為真的用很大！

桃園　盧小姐

剛開始接觸「木酢」是因為家裡有兩隻毛小孩。那時候給牠們拖地的清潔劑缺貨，我都用國外進口的，不敢用一般市面上的，正苦於不知道怎麼辨的時候，我上網查詢到了木酢達人的產品，經過仔細檢視後，覺得成分還蠻天然的！很符合我的需求！

所以我訂了「酚多精」，除臭效果真的很好，讓我很滿意！真的好用！

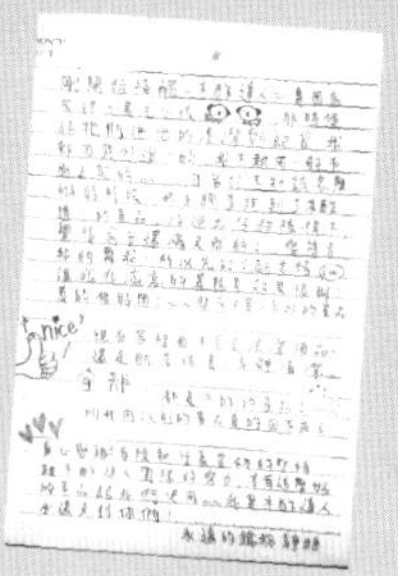

南投　黃小姐

怎麼幫毛孩洗澡？

無論是潮濕多雨的梅雨季過後，或是寒冷的冬天，對於許多毛孩的新手爸媽來說，幫毛孩子們洗澡簡直就像跳火圈一樣艱難。如果不是自己洗，每次要帶去寵物美容時，毛孩們除了要跟最愛的毛爸毛媽分開，又要擔心毛孩子與美容師的相處狀況。眼看一場洗毛工作尚未進行，煩惱就已經開始了。

到底該怎麼幫毛孩子清潔呢？是不是有什麼訣竅，可以讓毛孩們開心、喜歡洗毛呢？許多毛爸毛媽常常說：「我家毛孩不喜歡洗澡，甚至超怕洗澡。」我們可能要仔細想想，我們有給毛孩們好的洗澡經驗嗎？

洗毛過程中包括泡水、清潔劑的各種香味、吹風機的呼呼聲，還有各種突如其來的大水灌進鼻子、耳朵與嘴巴、眼睛，種種挑戰一次全來，毛孩子肯定會被嚇慘。

其實，飼主們可以在洗澡前幾天，先帶毛孩到廁所使用吹風機給毛孩子看，讓牠們聽聽這些機器的聲音，待毛孩較冷靜後給予零食獎勵。毛孩對於洗澡的經驗，很大程度建立在幼犬時期的洗澡經驗，所以幫幼犬洗澡時要溫柔，不要一開始就用水沖頭，吹風機要開

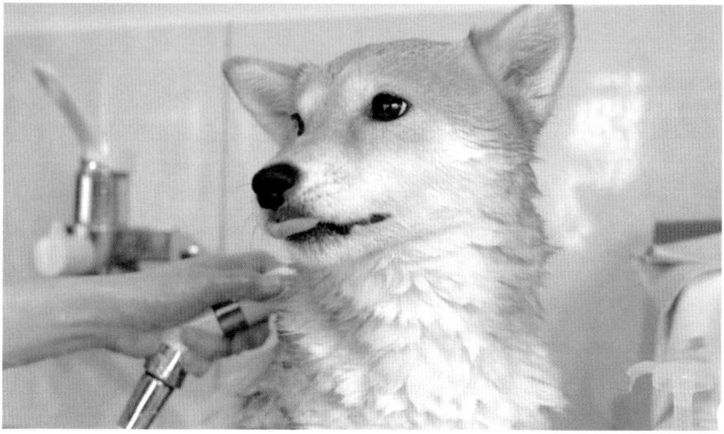

小一點，讓幼犬慢慢適應，洗完澡後要給予零食獎勵。這些耐心的小動作，會讓毛孩們更樂於洗澡。

用對方法可以讓毛孩們喜歡洗澡，甚至愛上洗澡，更可以增進毛爸毛媽與毛孩們之間的親密關係，但若是用錯了方法，以後毛孩聽到要洗澡，可能會馬上逃之夭夭或者四肢癱軟的耍賴！

接著來瞭解一下毛孩們洗澡的相關知識吧！

毛孩洗澡正確知識

大約幾天要幫毛孩們洗一次澡呢？

狗狗的皮膚較薄、毛髮量大，加上為保護皮膚不能太過頻繁的洗澡，通常每次洗澡的間隔以夏季大概七到十天一次、冬季大概二週一次為原則，並且以使用專門為毛孩設計的洗澡產品為佳。

可以用人的洗髮精或沐浴精嗎？

主要是狗狗的毛髮多，人體並沒有這麼大量的毛髮需要清潔與保護，所以如果沒有使用毛孩專用的洗毛精，馬上可能遇到的問題就是打結，再來就是清潔力如果太強，也會造成皮膚的乾澀感，讓毛孩子感到不舒服，飼主要擦洗吹乾時也會發現非常不好梳理。所以盡量不要使用人體清潔劑，因為會讓兩方都感到不舒服，毛孩也就不會喜歡洗澡了。

什麼時候最好不要洗澡？

有外傷或者是手術過後的狗狗不能洗澡，以避免傷口因為水裡的細菌而發炎。生病期間的狗狗體質本來就比較虛弱，在這個時候洗澡容易因低血壓而休克。

毛孩如在發情或是臨產哺乳期間也不要洗澡。發情期間比較容易把身體弄髒，而且味道也比較不好聞，免疫系統在這個時候比較不穩定，洗澡反而容易讓毛孩感染生病。

補充一點，毛孩如果即將生產，最好先剪掉屁屁周圍的毛，一來方便產後的照顧及護理，二來也比較不會沾染生產時的血水。此外，懷孕哺乳期間的掉毛也會非常嚴重，這時也盡量不要替毛孩洗澡。

剛吃飽及激烈運動後不要立即洗澡

就跟人一樣，剛吃飽後立即洗澡會造成血管擴張，此時只有少部分的血液會流回胃部，容易造成消化不良甚至血糖降低而昏倒。激烈運動後，血液都在四肢及肌肉，這個時候洗澡容易造成大腦及心臟供血不足，反而造成健康的傷害。

潮濕氣候洗澡的問題

天氣潮濕或是雨天不要洗澡，因為毛孩剛洗完澡時毛孔會張開，毛髮上的油脂也會減少。若是天氣潮濕或雨天，毛髮也較不容易完全吹乾，此時容易因為皮膚潮濕感染濕疹，造成許多肌膚問題。

洗澡沒多久又發臭怎麼辦？

毛孩的臭源主要來自口腔、耳朵、皮膚、肛門。口腔有結石、牙周病或是上消化道異常時就會有口臭。毛孩耳朵發炎時耳朵會有臭味，皮膚生病時也會有臭味。肛門兩側的圍肛腺（肛門腺）常常在排泄時順便擠出類似魚腥臭的分泌物，也是臭源之一。如果沒有任何病症狀況，就要「拉高日常清潔的頻率以降低異味發生」，例如可以使用筆者非常推薦的天然木酢液，以乾擦清潔方式來達到抑菌效果，就可以降低臭味發生的機會。

毛孩洗澡正確步驟

洗澡前可先梳理毛髮，清理好打結或沾染的異物，並以攝氏三十六～四十度的水溫，慢慢讓毛孩適應水溫，從腳、身體再慢慢到頭部淋上溫水，注意不要一開始就往頭上澆，這樣毛孩可是一開始就會受到驚嚇。接著再以洗毛精搓出泡泡，輕柔按摩、洗淨毛孩身體的各個部位。

洗完澡後，一定要用事先準備好、可以包覆毛孩身體的大毛巾快速吸附掉多餘的水分。如果毛孩能夠適應吹風機，可用稍微溫熱的風速從身體開始撥乾毛髮，切記不要將熱度開到最高，也不要長時間吹著同一個部位。若只能用自然風乾，也要注意不要把毛孩放在大太陽底下，過大的溫差容易造成毛孩身體不適。

如果是剛來到家中的幼犬，或是身體狀況比較差的高齡毛孩、皮膚比較脆弱的毛孩，也可以先不要洗澡，而是考慮木酢液擦澡的方式，讓牠們心情保持穩定後，再安排洗澡。洗澡前，可以先帶毛孩去散步，排掉便便及尿尿，之後清洗肛門腺也會更乾淨。

步驟一：洗澡前準備工具

工具可以放置在隨手可得的地方，方便在洗澡過程中取得，加快洗澡的時間。如果覺得有必要，多一個幫手會讓洗澡的過程更順利！

乾毛巾（吸水巾）／吹風機／洗毛精／棉花棒／洗耳液／小臉盆（大型犬可於浴缸或是直接在地上）／修剪毛髮用的剪刀

步驟二：擠肛門腺（圍肛腺）

在還沒有正式洗澡以前，不妨先將重點放在擠肛門線的部分。這樣做的目的是為了擠出肛門腺裡頭的殘餘物，避免產生惡臭及發炎。擠肛門腺的方法是輕輕捏緊毛孩的尾部，用食指和姆指輕壓肛門兩側，位置大約是以肛門為中心的四點鐘及八點鐘方向，由下往上擠，此時殘餘物便會被擠出。小心不要被噴到，以免惡臭不散，可以先覆蓋幾張衛生紙在肛門上再擠。

剛開始或是從來沒試過的毛爸毛媽們可能有一點困難，若真的沒辦法，也可以請教獸醫師或是寵物美容師。

步驟三：沖水淋濕

終於一切準備妥當，要開始洗澡了！首先注意水溫。沖水時水溫大約在三十六～四十度左右，可以先讓毛孩們適應一下水溫，再依序從四肢、身體後半部、身體前半部最後才到頭部把全身沖濕。

淋頭部的時候要小心，不要讓毛孩的耳朵入水，並將口鼻朝下方，避免水從口鼻灌入，讓毛孩嗆到，受到驚嚇。

步驟四：搓揉毛髮

先用溫水稀釋洗毛精，每家廠牌洗毛精的稀釋程度不一，稀釋前要詳閱說明書。

洗毛精的正確使用方法，是要先用很多水稀釋洗毛精，再淋到身體上慢慢搓洗，不要把洗毛精按出來就直接塗在毛孩身上，這樣比較不容易搓開，會黏成一團，容易沖洗不乾淨，造成皮膚受到刺激，發紅發癢，嚴重還會脫毛。

首先從背部開始塗上洗毛精，依序從背、頸、肩、腰、胸、腳、臀、尾巴、頭，都要仔細清洗，用手指按摩搓揉泡沫。要小心毛孩的腹部，腹部的皮膚很柔軟也很容易髒，可以試著用海綿來清洗。

最後再洗毛孩的頭部，很多毛孩可能會害怕而想逃跑，這時毛爸毛媽們可以叫著狗的名字，用海綿由頭頂向後輕輕刷洗，減少毛孩的抗拒。最後用清水沖洗一遍後再仔細清洗比較髒的部分，沖洗時要確實沖乾淨，否則可能會引起皮膚疾病。尤其要注意避免將水洗進毛孩的眼睛裡。

步驟五：擦拭身體

擦拭前可以先用手擰乾部分水分，毛孩多半都會等不及的自行甩乾身體，然後毛爸毛媽們再用大毛巾，以按壓的方式吸收牠們身上部分水分，再以逆毛、順毛交替進行的方式擦乾全身，擦拭的動作越確實，越能減少吹乾的時間。同時也要擦乾耳朵、鼻子、眼睛的水分，並以洗耳劑清洗耳朵，再以棉花棒清理乾淨。

步驟六：吹風整理

最後再用吹風機吹乾，這是非常重要的步驟，不然毛孩容易結毛球，也容易感冒。吹乾臉附近的毛時要調低風量，避免毛孩受到驚嚇，而且不要將風直接往狗臉上吹。完全吹乾後，記得再梳一次毛。梳毛不但可使毛變得柔順漂亮，還可以促進血液循環及新陳代謝。

如何選擇毛孩洗澡清潔產品？

寵物的毛皮清潔並不是越常洗越好！牠們的皮膚跟人類一樣，若是過度清潔，也會破壞皮膚原本的平衡。如果洗掉保護皮膚的油脂，皮膚就會變得脆弱，免疫力下降，特別容易遭受外界病菌的攻擊。基本上，一般夏天會建議約七～十天洗一次澡，冬天視情況可兩星期洗一次。

在洗毛精的選擇上，若是有皮膚上的問題，如感染寄生蟲或皮膚病等，飼主可以先就醫，詢問醫生的意見來選擇適合的洗毛精。若毛孩本身的健康無虞，建議不要選擇具有療效的洗毛精，只須用適合毛孩的一般洗毛精即可！

寵物的皮膚比人類的還要脆弱，因此要特別注意產品的選購，較為令人擔心的是寵物沐浴乳等會直接接觸皮膚的產品。因為寵物的皮膚比人類的還要薄，屬於容易吸收經皮毒的體質，要幫毛孩洗澡或送到寵物美容店的時候，最好先確認所使用的沐浴乳成分。

使用天然椰子油起泡劑，或是清潔度溫和的產品，包括像是天然木酢液，都可以幫助毛孩做到抑菌保護，免除黴菌、真菌的感染。

木酢液運用在毛孩身上有非常顯著的效果，包括除臭、清潔、抑菌甚至是驅蟲等，更重要的是，木酢液非常天然、安全，不必擔心愛舔身體的毛孩誤食。

另外，有些洗毛精瓶身並沒有全成分中文標示，因為毛孩會有舔食習慣，如果含有太多石化成分，不禁會令飼主擔憂。所以為了毛孩的健康，毛孩的沐浴乳，一定要記得檢查成分與配方。

「木酢洗毛精，採用 Ecocert 環保起泡劑」

因為有舔食的風險，飼主選擇毛孩專用的清潔用品時，最好是使用植物配方。例如木酢液加上天然環保起泡劑製成的毛孩專用木酢洗毛精，就是一款非常天然溫和且安全的洗毛用品。

談到木酢液洗毛精的安全性部分，筆者特別將木酢液送檢確認，包括八大重金屬、生菌數、塑化劑與防腐劑，全數都是無檢出。即便來自天然，也要嚴格確認，這樣才能讓飼主們可以非常放心的將木酢洗毛精用在毛孩們身上。添加了木酢液與植物成分的洗毛精，除了擁有除臭、洗淨的功能之外，還有滋潤皮膚、亮澤毛髮及消除異味的效果。

特別是敏感肌的毛孩們，最需要大自然的配方來呵護。同時，因為成分安全，飼主們在幫毛孩洗澡時，雙手也不會有太大的刺激與乾澀感，請放心使用！

第一次聞到木酢味時，味道就像是濃濃的烏梅味，實在是很想配碗豆花，其實聞久了滿舒服的！而且它的清潔力和制菌力很讓人驚豔！

家中毛孩曾經因為黴菌感染，導致身上有多處因為潮濕所引起的小傷口和脫毛，使用木酢洗毛精和木酢液泡幾次後，發現原本潮濕爛爛的傷口慢慢結痂了，而且皮屑也減少許多！比起動物醫院販售的藥浴劑更加有效。而且取自天然萃取多次蒸餾，也不必擔心毛孩接觸化學用品，危害到健康！做娘的更是放心！

台中　張小姐

我家兩毛孩洗香香都是用木酢的洗毛精，洗香香時只要用一瓶，無須再用潤毛精，洗完吹乾都澎澎的。雖然沒有過多的香香味，但是只要兩個毛孩乾淨健康，麻麻我就很開心了^^

台北　陳小姐

毛孩皮膚大作戰

家中的貓貓狗狗毛孩，身上有皮毛包覆，皮膚會產生油脂而發出體味，也是跳蚤、疥蟎及蝨子等寄生蟲和黴菌、真菌等喜歡居住的地方。若是沒有好好清潔，維持毛孩的皮膚健康，毛孩容易出現抓癢、皮膚病、紅腫，甚至脫毛、反覆感染潰爛等問題。

台灣的天氣潮濕，春夏之交有梅雨季節，又加上氣溫高，毛孩特別容易出現皮膚問題。但就算到了冬天，氣溫變低，因為天冷而長時間窩著，還有些地區的冬天會一直下雨，室內外都濕濕冷冷的，減少了外出運動散步機會，也會造成毛孩發生皮膚病。

毛孩的皮膚如果出現以下的情形就要治療：紅斑點、丘疹、結節、濃皰、水皰、結痂、糜爛、脱屑。毛孩皮膚病約有一半的情形是由蝨、蚤叮咬皮膚，引起抓癢發炎而感染。另外蟎蟲、真菌引起的皮膚病是最多。

有些毛孩還有先天體質問題，造成皮膚容易過敏，也就是過敏性皮膚炎。這是接觸到特定物質，或是吃到特定食物所產生的症狀。最主要的治療方法就是找出原因，因此平時要特別注意觀察，是因為吃了哪些食物或接觸了哪些東西而出現。

下面介紹幾種皮膚病的常見症狀，在求助獸醫前，可協助飼主判斷。

「皮膚搔癢」

毛孩搔癢或啃咬自己，說明皮膚可能有些狀況，我們可以檢查是否有跳蚤、蟎蟲、壁蝨等蟲蟲問題。當然搔癢也有可能是因為過敏，像是吃了會引起過敏的食物，也可能是近期洗澡過程中不正確的操作導致了過敏，有時也會引起皮膚搔癢。

「皮膚發炎」

皮膚過敏、曬傷或接觸到異物，會使皮膚發癢抓搔，如果不幸感染，更會讓皮膚發炎或化膿。有時，環境中的真菌、黴菌也會趁機侵入肌膚，引起皮膚發炎或濕疹的症狀。嚴重的皮膚炎症如蜂窩性組織炎等，患部會紅腫、刺痛，請趕緊帶毛孩看獸醫師。

「皮膚異常」

由於飲食不當，體內荷爾蒙失調，寄生蟲或皮膚發炎等原因，毛孩皮膚的皮屑會脫落呈鱗片狀，有些毛會失去光澤，有些則變得特別油膩等出現皮膚異常情形。這時候就不能依賴清潔或保養品來處理，務必將毛孩、飼料都一併帶去給獸醫師做檢查。

「脫毛」

受到細菌或真菌等感染或被跳蚤等叮咬所致。像是柯基犬或白毛貓等嘴巴部分容易曬傷，也會出現局部脫毛。如果脫毛現象比較大片，或是呈現圓形，表示皮膚有異常狀況。但是如果是因為長期摩擦肘部而脫毛，則只是單純皮膚摩擦的結果，不算是疾病，只是要注意是否會過分受壓而引發硬皮症。

「過度舔手腳」

毛孩喜歡用舌頭舔身體，是為了清潔毛皮或除去髒汙。但如果舔身體的情形太過度，有時皮膚的毛都會被舔光，導致皮膚受損，有些毛孩特別喜歡舔手腳，可能有一些心理問題，須要引導轉移毛孩的注意力，不要讓毛孩一直舔手腳。

毛孩也會得異位性皮膚炎

異位性皮膚炎，不只是人類有，毛孩也有。有些毛孩總是皮膚抓騷不停，皮膚病時好時壞，帶去醫院檢查以後，才發現是異位性皮膚炎。

毛孩的異位性皮膚炎，是遺傳性也是過敏性的皮膚疾病，通常是由環境中的過敏原所引發。有些毛孩的皮膚屏蔽能力比較弱，就容易引發疾病。以狗狗來說，通常在六個月到六歲之間發病。

如果家中有毛孩總是愛搔癢，皮膚或耳朵感染，容易流淚、打噴嚏、流鼻涕，或是在潮濕溫暖的季節發生皮膚病，總是治不好，可能就要帶去進一步診察，看看是否為異位性皮膚炎。

若想改善毛孩子的異位性皮膚炎，必須注意皮膚毛皮的衛生和保養，除了搭配獸醫師的藥物治療搔癢症狀，改善皮膚病變，另建議飼主要用無刺激性洗毛劑洗澡，與加強居住環境的清潔程度。

毛孩的口腔照顧

一、為何毛孩口腔需要照顧？

根據資料統計，三歲以上的狗狗多數都罹患有牙周病，比率高達五成！口腔問題大概是最常被獸醫師提起的犬貓疾病之一，原因在於，很多毛爸媽都以為口臭是自然產生的。

但換個角度想，當一個人有口臭，我們一定會聯想到：「他是不是沒刷牙？」「他是不是熬夜，沒有好好排毒所以火氣大？」等原因。因為我們知道，一個人有口臭並不是件理所當然的事。

那為什麼我們卻認為毛孩有口臭是正常的呢？當毛孩有口臭，意味著牠有可能已經患上牙周病。

二、犬貓需要定期洗牙，但平常該如何幫毛孩檢查？

犬貓需要定期洗牙，那平常該如何幫毛孩檢查？以狗狗來說，牠們共有四十二顆牙齒，而且有三分之二的牙齒是埋在牙齦內，表示有許多口腔問題是我們看不見的。只要翻開牠們的嘴皮，看到牙齒表面已經有黃黃的牙垢或結石覆蓋、牙齦明顯紅腫等狀況，其實都該要有洗牙的準備，因為牙垢和牙結石久了會形成牙周病，甚至是口腔腫瘤、唾液腺囊腫、牙齦炎等問題，口腔當中的細菌甚至會引起其他內臟疾病並影響免疫系統。

三、平常可以如何保健毛孩的口腔？

保持定期幫毛孩子養成清潔牙齒的習慣，或善用毛孩子專用漱口水來清潔口腔、消除異味、預防牙周病，這也是一個非常適合的選項。

目前市售有許多來自天然萃取液所製成的毛孩專用漱口水產品，質地溫和，不傷口腔粘膜，且擁有優質的抗菌力，可以搭配毛孩口腔的清潔與保養一起使用。

但是該如何使用與選擇呢？其實很簡單，只要選擇有檢驗合格、無農藥、無重金屬、無生菌數的用品即可。更重要的是，不能含有酒精、木糖醇與不使用含有SLS或SLES的合成起泡劑配方，這樣就可以在毛孩子的日常飲用水裡，添加少許漱口水再搭配飲用水，讓毛孩子在飲水時，能順便達到口腔清潔的效果。參考各種漱口水建議，約是每天早晚各一次就可以了。

此外，飼主也可以搭配布巾沾取漱口水來擦拭毛孩子的牙齦，只需要一天一次，數分鐘的時間，就可以完成清潔保健工作。但是請留意，剛開始由於漱口水的各種氣味與清潔動作都會讓毛孩子避之唯恐不及，所以還須要飼主耐心地從少量、局部牙齒開始，並透過逐漸培養默契，才能讓毛孩們乖乖喝水或配合牙齒清潔！

尤其毛孩子的腎臟只有一個，如果有先天腎臟不健全或腎臟代謝不佳的問題，飼主就要留意毛孩子使用漱口水的情況，請勿使用配方不明的產品，並持續觀察毛孩子使用漱口水後有無不適狀況，例如嘔吐、食慾不振、排尿增加、昏睡、腹瀉、體重減輕等，如果有，就必須立即停止使用，並給予清水飲用或送醫觀察，幫助毛孩子盡快恢復健康。

結語

台灣林木循環
生物炭
木酢的未來

我們居住的世界目前面臨著氣候變遷與各種生態、生產與生活之間的矛盾衝突，我們必須更加努力學習如何友善與環境和諧共生，才能確保與負起保衛地球健康的責任，留給後人一個合適居住的星球。透過本書分享「森林循環修枝再製成木作、木炭、木酢液」，即是筆者希望藉由以林業的循環經濟概念，逐步達到生態生活生產趨向淨零碳排的共同目標。我們若都能重新認識與善用這自然環境中的剩餘，再透過知識與技術打造自然系物質以滿足生活需求，除了讓自己與家人有著滿滿生活安心感外，對環境生態的永續以及鼓勵循環經濟的生產，都是相當重要的支持力量。

台灣林木在自然生長下仍有其養護疏伐之需要，例如夏季颱風前或因水土問題產生之危木狀況，都是必要性的疏伐。這不分樹種，每年將產生數百萬噸的修枝林木，在過去，這些都較無妥善的處理，而我們生活中又有許多時候必須用到家具、取暖、能源、清潔等，如今卻也不能都只仰賴國外進口。所以該如何善用林木知識與技術，將這剩餘都成為資源再利用，是創造台灣獨有林業樣貌很重要的一環。期待透過本書鼓勵更多朋友認識森林循環的重要性，並成為台灣林業在禁止伐木與鼓勵植樹的條件下，能夠持續努力從剩餘資材中找出發展再利用的各種可能。盡可能地做到有限度的生產，並強調生態越好則人們生活就能越好的森林循環價值：「以善念珍惜山林資源，用智慧豐盛使用剩餘。」

筆者創辦「木酢達人」就是嘗試將林木修枝與剩餘全株利用，從二〇〇八年起創造了近百種林木炭酢的產品，並從中探索出相當多元且完整再利用與循環的經濟模式，包括木作製品、生物炭與木酢液系列清潔用品，都受到數萬個家庭喜愛與長期使用。我們願繼續努力發掘更多知識，在讓大眾發現該如何善用木作、生物炭與木酢液上，我們將成為一股最重要的拉力。是的，可以想像，將會有更多人投入林木種植、山林養護、修枝回收工作，也會有更多跨領域廠商人才加入應用回收林木資源的行列，最終將影響個人或企業ＥＳＧ關注山林與台灣林木生態永續的發展，而這正是從您的一個支持與購買開始，才能漸進推動百行百業。

幫助台灣乃至世界的林木生態朝健康永續的方向發展，是我們共同期待最終對環境與世界的眾利。所以請從這一刻開始，跟我們一起關注家鄉山林的種植、修剪、養護與後續所有剩餘資材的應用，並修正對林木的價值觀，與往後生活中每一次購物的選擇。一直到我們能在自然中自在生活與無痕生產，不造成他人負擔的那一天到來。

與林業前輩分享我們在做的事務，希望其他縣市也能開始一起珍惜山林豐盛使用剩餘

2021.11.16 生物炭開發者大會，集思台大會議中心

將百種商品透過「生物炭 - 開發者大會」以展演方式讓更多人了解

2021.11.16 生物炭開發者大會，集思台大會議中心

從校樹回收下來，透過全面的分類整理再利用，做成木作 / 木炭 / 木酢液充分使用

2021.12.10 森林循環湖口創生地方青年工作站

大塊木材做成木作；切下來的剩餘做炭、木酢液

2021.04.23 日本鳥羽 曙先生所建置之台灣第一座竹炭窯（目前由木酢達人契作認養）

在木材的運用上，我們結合木工老師傅的無私經驗傳承，讓更多人學得技術

2021.12.10 森林循環湖口創生地方青年工作站

執行國發會地方青年工作站，邀請返鄉青年朋友向傳承的老師傅習得木作技術

2021.12.15 森林循環湖口創生地方青年工作站

與台灣各高中學校共同回收斷裂球棒，整理後再一次的重生

使用平鎮高中棒球隊球棒製作 — 球棒椅

剩餘林木透過木工製作出各種實木再生品，延續林木的生命

也為其取下有趣名稱 — 備長炭琴【賺吉(台語發音)】

從校園回收後的木材，將三張較為細長的相思板材，在乾燥後以拼接製成美麗桌板

—— 校園相思木大桌板

在這個小椅凳中充分展現一份大自然的風韻

—— 校園樟木小椅凳

用林木，創造你的生活風格。

生活健康 B500

用林木，創造你的生活風格：木酢達人
作　　者／陳偉誠
主　　編／楊鈺儀
美術編輯／吳欣怡 木酢達人
照片編輯／劉泰逸 木酢達人
封面設計／謝佳妤 木酢達人
出 版 者／世茂出版有限公司
地　　址／（231）新北市新店區民生路 19 號 5 樓
電　　話／（02）2218-3277
傳　　真／（02）2218-3239（訂書專線）
單次郵購總金額未滿 500 元（含），請加 80 元掛號費
劃撥帳號／19911841
戶　　名／世茂出版有限公司
世茂網站／www.coolbooks.com.tw
製　　版／辰皓國際出版製作有限公司
初版一刷／2022 年 8 月
ＩＳＢＮ／978-986-5408-93-0
定　　價／360 元

國家圖書館預行編目 (CIP) 資料

用林木，創造你的生活風格：木酢達人 / 陳偉誠作．
-- 初版．-- 新北市：世茂出版有限公司，2022.08
面；　公分．--（生活健康；B500）
ISBN 978-986-5408-93-0(平裝)

1.CST: 林產利用 2.CST: 林業副產品

436.4　　111006018